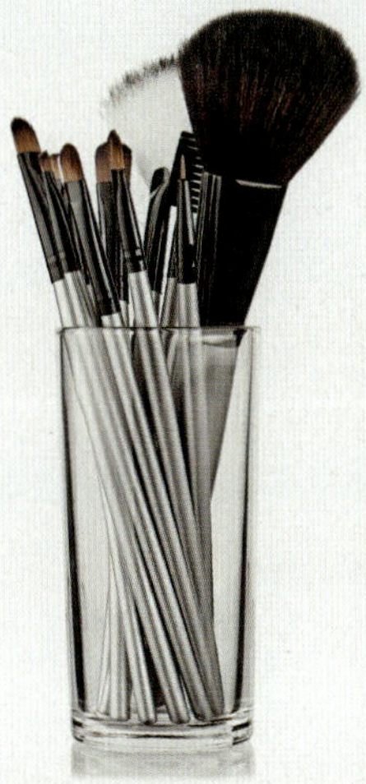

BEAUTY MAKE UP MASTER 3

NCS 기반 뷰티 메이크업 마스터 3

저자 약력

김유리 (본명 : 김애란)

- 포럼 메이크업스쿨 졸업(프랑스)
- 단국대학교 문화예술대학원 뷰티디자인학과 석사 졸업
- 제46회 전국기능경기대회 피부미용 메이크업 심사위원 (한국산업인력공단)
- 2020년 지방기능경기대회 심사위원
- 중국 연변 뷰티페스티벌 국제대회 심사위원(중국 연길)
- 전북과학대학 미용예술학과 외래교수
- 서울예술전문학교 외래교수
- 씨티 뷰티칼리지 겸임교수
- 저서) –방송분장사3급, 무대분장사2급, 바디페인팅1급, 뷰티스타일리스트 3급 외(민간자격증 필기교재)
  –만원의 행복 미용사 메이크업 필기/구민사
  –뷰티 메이크업 마스터1/구민사
  –뷰티 메이크업 마스터2/구민사
- 현) 중국국제미용미발화장기능대회 심사위원(중국 북경)
  현) Beauty Asia(malaysia) 메이크업 콤페티션 심사위원(말레이시아)
  현) 상해국제미용미발대회 심사위원(상해)
  현) 동남보건대학교 외래교수
  사단법인 한국분장예술인협회 부회장 역임
  현) 사단법인 한국분장예술인협회 회장
  현) 러시아 국제뷰티아트대회 심사위원(러시아 상트페테르부르크)
  현) IBC 국제대회 심사위원(베트남)
  현) 대만 세계뷰티대회(타이페이)
  현) 한성대학교 예술대학원 겸임교수
  현) 동남보건대학교 뷰티케어과 겸임교수

안나현

- 서경대학교 일반대학원 미용예술학과 메이크업전공 박사 졸업
- 현) 엄지메이크업 대표
  현) 신구대학교 피부미용학과 외래교수
  현) 강남대학교 미용학과 평생교육원 외래교수
  현) 건국대학교 k뷰티산업융합학과 외래교수

BEAUTY MAKE UP MASTER 3

뷰티 메이크업 마스터 3

BEAUTY MAKE UP
MASTER 3

CONTENTS
목 차

PART 1 메이크업 위생관리

PART 2 메이크업의 이해

PART 3 기초화장품 사용

PART 4 베이스 메이크업

PART 5 색조 메이크업 및 실습

PART 6 기초 메이크업

BEAUTY MAKE UP
MASTER 3

CONTENTS
목 차

PART 10

웨딩 메이크업

BEAUTY MAKE UP
MASTER 3

인사말

"뷰티 메이크업 마스터 3" 개정판을 내면서...

인류가 시작되어 온 고대부터 현대에 이르기까지 메이크업은 인간의 욕구이자 본능이다. 따라서 메이크업은 자신의 신분이나 생활습관, 가치관 등을 나타낼 수 있을 뿐만 아니라 살아가면서 내적, 외적인 아름다움을 표현하는 과학적 예술이다.
또한 현대인들은 다양한 뷰티 프로그램들을 통해 여성뿐만 아니라 남성들까지도 메이크업에 대한 관심이 더욱더 높아지면서 인간의 기본욕구인 '미'를 충족시켜 아름답게 꾸미고자 한다. 그에 따라 미용분야도 시대의 흐름에 발맞추어 빠르게 진화되어 가고 있고, 체계적 학문으로 구축해 감에 따라 본서는 메이크업 분야의 학문을 공부하는 분들께 조금이나마 도움이 되고자 한다.

이에 "뷰티 메이크업 마스터 3"는 NCS(국가직무능력표준(National Competency Standards)) 기준에 따라 산업현장에서 직무 수행을 위하여 요구되는 지식, 기술, 소양 등의 내용을 국가가 산업부문별 · 수준별로 체계화한 것으로 국가적 차원에서 표준화한 것을 기준으로 체계적으로 집필하였다.

"뷰티 메이크업 마스터 3"는 NCS 기반에 따라 수정하고 보완하였으며, 본서의 재판을 출간할 수 있도록 도움을 주신 도서출판 구민사 조규백 대표님을 비롯하여, 직원들에게 깊은 감사를 드린다.

2019. 2.

저자 일동

BEAUTY MAKE UP
MASTER 3

PART. 1

메이크업 위생관리

1. 메이크업 위생관리

- 메이크업 시설, 설비 및 도구/기기 등을 소독하거나 먼지를 제거할 수 있다.
- 상담실, 제품보관실, 메이크업 작업 환경을 청결하게 청소할 수 있다.
- 상담실, 제품보관실, 메이크업 작업 환경의 실내공기를 환기시킬 수 있다.
- 메이크업 시행에 필요한 도구관리 체크리스트를 만들 수 있다.
- 메이크업 도구관리 체크리스트에 따라 사전점검 작업을 실시할 수 있다.

2. 메이크업 재료·도구 위생관리

- 예약현황, 대기상황, 메이크업 절차 등을 고객에게 안내할 수 있다.
- 메이크업 서비스에 대한 고객의 요구와 문제 상황에 대응할 수 있다.
- 메이크업샵 고객 서비스 매뉴얼을 작성할 수 있다.

3. 메이크업 작업자 위생관리

- 고객에게 제공되는 재료, 도구, 기기 등을 청결하게 관리하여 제공할 수 있다.
- 구강, 손, 복장 등을 청결하게 관리할 수 있다.
- 고객위생과 관련한 감염관리 지침개발과 예방교육을 실시할 수 있다.

4. 작업자의 고려사항

메이크업 작업자, 메이크업 재료, 도구, 기기 등의 위생관리 업무에 해당된다.

- 환경위생관리 등을 준수하여야 한다.
- 메이크업샵 위생관리 점검표 내용을 고려해야 한다.
- 메이크업 도구관리에 있어 다음의 사항에 유의한다.
  - 메이크업 브러시 모질에 맞는 세척 세제 구분과 말리는 방법을 고려해야 한다.
  - 메이크업 브러시 외의 도구 세척 시 세제 구분과 말리는 방법을 고려해야 한다.
  - 메이크업 브러시 세척은 디자이너 스케줄 상황을 고려해야 한다.
- 재료 및 도구를 위생 소독하여 작업을 용이하게 진행할 수 있도록 정렬할 수 있다.

- 작업의 내용과 성격에 따라 재료와 도구에 대해 분류표를 작성하여 관리할 수 있다.
- 메이크업 시설, 설비는 소음을 방지할 수 있는 안락한 공간과 시설이어야 한다.
- 메이크업샵의 쾌적한 실내공기를 위해 주기적인 환기를 실시하며, 공기청정기나 냉온풍기의 필터를 수시로 점검하고 교체하여 유지·관리한다.
- 구취와 체취를 수시로 점검하여 담배냄새나 음식냄새가 나지 않도록 양치질이나 구강 청결제 및 냄새 제거제를 사용한 후 고객을 맞이하도록 한다.
- 메이크업 서비스 종사자는 작업의 능률성과 안전성을 고려하여 너무 높은 굽의 신발, 노출이 심한 의상 등은 삼간다.
- 메이크업 서비스 종사자는 건강을 위해 주기적인 건강관리로 연 1회 이상의 건강검진을 받는다.
- 접객용으로 사용되는 접시류도 깨끗하게 세척하여 소독기에 보관하여 사용하도록 한다.
- 청소점검표에 의해 미용업소의 입구, 데스크, 고객 대기공간, 작업 공간, 화장실, 제품 준비실, 직원 휴게실 등을 수시 또는 주기적으로 청소하고 소독해야 한다. 특히, 작업 공간은 매 작업이 끝나면 즉시 정리·정돈함을 원칙으로 한다.
- 평가자는 다음 사항을 평가해야 한다.
  - 도구, 기기 등의 세척, 관리 방법의 선택과 숙련도
  - 실내의 청결도
  - 재료, 도구, 기기관리 체크리스트에 따른 평가
  - 메이크업 재료, 도구, 기기 정리정돈 상태
  - 메이크업 도구, 기기에 대한 소독기의 사용법과 위생상태
  - 메이크업샵 시설의 청결 관리 체크리스트에 따른 평가
  - 위생과 소독에 관한 기본지식
  - 위생법규의 이해
  - 개인 위생관리 체크리스트에 따른 평가
  - 위생에 대한 메이크업 작업자의 자세
  - 메이크업 작업자의 복장, 위생상태

BEAUTY MAKE UP
MASTER 3

PART. 2

메이크업의 이해

1. 메이크업의 정의

우리의 신체는 영혼과 실체를 연결해 주는 유기적 존재이고, 살아가면서 자신의 신분이나 성격, 성향, 관습 등을 나타내어 주는 매개체이다.

따라서, 메이크업이란 인간 고유의 문화적 행위로써 내적, 외적인 아름다움을 표현하며 미(美)를 추구하는 본능이라 할 수 있다.

어떤 대상을 잘 정리하고 감싼다는 뜻으로서, 화장품(Cosmeitc)은 인간의 이미지를 보다 조화롭게 꾸미는 도구를 말하는 것이다.

미국의 세계적인 미용 연구가 크리스틴 발미(Christine Valmy)는 그리스어 코스메티코스(Cosmeticos)에서 유래된 코스메틱(Cosmetic)을 과학인 동시에 예술이라 하였다.

1) 메이크업의 기원

(1) 장식설

스타르(Starr)의 주장에 근거하면, 인간은 본능적으로 신체를 장식하게 되었고, 장식을 하지 않은 종족은 하나도 없다고 하였다.

신체에 장식하는 방법으로는 피부에 상처를 내어 장식하는 상흔과 피부 조직에 염료를 넣어 영구적으로 장식하는 문신, 색을 입히는 채색과 입술, 귓불, 코, 머리 등 신체의 일부를 변형시키는 신체 변형이 있다.

예를 들면, 카두베이족은 전신에 문신을 하여 사회적 직위, 소속 집단, 전쟁터에서의 용맹함과 신이나 동물처럼 강인함을 표현하였다.

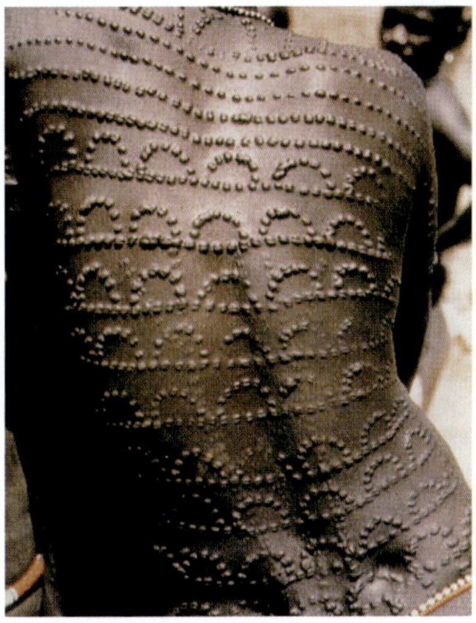

상흔

문신(파푸아뉴기니족)

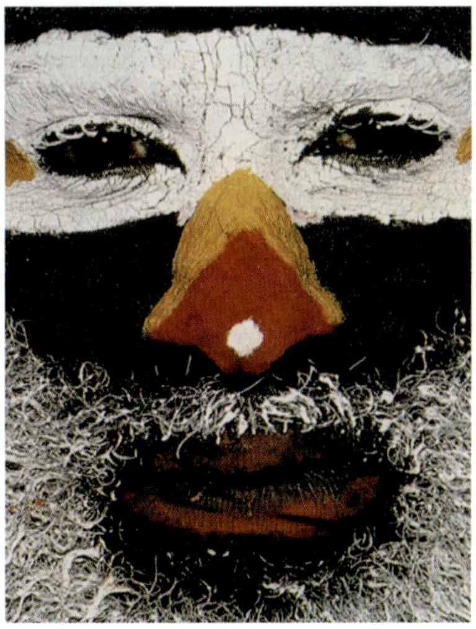

채색

문신(마오리족)

채 색

신체 변형

(2) 보호설

자연이나 사회로부터 보호하려는 욕구를 말하며, 곤충, 동물, 태양, 기후나 적으로부터 보호하기 위해 진흙이나 특수한 물질을 신체에 발랐다.

고대 이집트 여인은 검정색 코울(Kohl)을 이용한 눈 화장을 하여 모래, 태양, 곤충, 바람, 광선으로부터 눈을 보호하였고, 향료를 사용하여 곤충들로부터 피부를 보호하였다.

향유를 얹은 모습

코울을 사용한 눈 화장

흙이나 안료를 바른 모습

(3) 종교설

악령이나 잡귀, 악마로부터 자신과 부족의 심리적 보호와 병으로부터 보호받기 위해 얼굴이나 신체에 다양한 안료나 진흙으로 채색을 하였고, 종교적, 주술적 욕구로서 신체에 장식하여 악령으로부터 보호받고 재앙을 물리치며 종교를 신성시하려는 목적이 있었다.

신체 장식

(4) 신분표시설

인간은 사회적 동물이다. 따라서 자신의 신분을 나타나기 위해 신체에 장식을 하여 소속집단을 표현하고 타 집단을 경계하며, 자신의 집단에 충성심을 표현하였다.

마오리족

파푸아뉴기니족

(5) 본능설

인간은 이성에게 잘 보이고 싶은 동물적 본능을 가지고 있고, 자신을 과시하고자 하는 과시욕이 있으며, 종족 보존의 본능적 욕구가 있다. 따라서 화장이나 몸을 치장함으로서 서로의 관심을 끌었으며, 파퓨아뉴기니아 남성들은 붉은색 등을 사용하여 얼굴에 채색을 하였다. 폴리나족 남성들도 남성들이 화장을 하여 아름다움을 과시하였다.

파푸아뉴기니족

폴라니족

니제르 – 결혼하기 위해 남자들의 간택을 기다리는 여자들

2. 메이크업 동 · 서양의 역사

1) 동양의 역사

고대 동양(한국, 중국, 일본)에서는 한국, 중국, 일본의 화장에 대한 기록은 많지 않으며, 고분벽화 등의 유물의 부분적으로 남아 있다.

동양 3국(한국, 중국, 일본)은 종교나 경제, 문화, 사회적 의식에 따라 화장법이 달라졌다.

가까이 위치한 한국, 중국, 일본은 서로 많은 영향을 끼쳤으며, 각기 다른 미의식과 정치, 경제적 배경에 따라 화장법을 발전시켰고 중국의 경극, 일본의 가부키 화장으로 나타났다.

(1) 중국의 역사

약 4천년 전쯤에 백분과 연분을 사용하였으며, 불교의 영향으로 곤지와 액황 등으로 이마에 황색물을 들이기도 하였다. 또한 중국의 한나라와 당나라 시대의 화장은 매우 화려하고 짙으며 기법이 다양하였다.

색조화장은 분과 눈썹먹과 연지를 바르고, 미분(米粉)은 쌀가루에 향료를 넣어서 만든 것이며, 미분에 납과의 화학처리를 통해 만든 연분(鉛粉)이라고 한다.

'분과 눈썹 그리는 먹'을 나타내는 말로 색조 화장을 이르는 말로 '분대(粉黛)'라 한다.

① 선진시대(先秦時代)

정치적으로 매우 혼란하였으며 철제도구를 사용하는 시기였다.
중국여성들의 색조화장의 시작이라 볼 수 있고, 연분을 제조하여 사용하기 시작하였으며, 눈썹을 길게 그리고 입술을 붉게 하는 화장법으로 추정되어진다.

② 진·한시대(秦·漢時代)

고대제국이 성립된 이 시대에는 급속도로 경제가 발전하였고, 색채가 발달하였다.

한대는 여성색조화장의 정착기라 볼 수 있고, 백분을 사용하여 흰 피부화장을 하고, 미묵(眉墨)을 사용하여 눈썹을 그렸으며, 붉은 입술을 그리는 색조화장이 일반화되었다.

화장형태

- **무제 :** 팔자눈썹
- **원제 :** 처진 눈썹(수미)
- **후한 말기 :** 눈썹 깎음(먹으로 그리며, 초승달 모양의 가는 눈썹형과 긴 눈썹) – 광미, 대미

③ 위·진·남북조시대(魏·晋·南北朝時代)

북방 이민족의 침략으로 한족 귀족이 이민족에 밀려 강남으로 이전하여 강남이 경제 · 문화의 중심지로 부상하였던 시기이다. 이 시기에는 색조화장의 부흥기라 할 수 있다. 백분과 연지를 조합하여 붉은 화장이 성행하였으며, 눈썹 화장은 긴 눈썹형이 유행하였다. 당나라 때에 유행하였던 화전의 초기단계인 매화장이 시작되었다.

④ 수·당시대(隨·唐時代)

이민족의 침략으로부터 한족의 왕조를 수립한 시기이다.
귀족적 문화와 국제적 성격의 문화 양상이 나타났으며, 수양제는 이란에서 눈썹먹을 수입하였다.

눈썹의 형태는 넓게 그렸으며, 소산미(小山眉), 분초미(分梢眉) 등이 있었고, 명칭과 양식이 다양하였다. 당나라 때의 입술 연지는 립스틱 형태였으며, 여성뿐만이 아니라 남자도 사용하였다. 남성용은 입술이 트는 것을 방지하는 기름이었다.

화장형태

- **액황, 화전, 면엽, 사홍 :** 성행염화(染畵)로서 그림을 그려 넣는 것과 찰진 것을 붙여서 완성하는 방법이 있다.
- **화전 :** 낙매장(落梅粧), 매화꽃잎으로 물들임, 원점형, 꽃 문양, 추상적인 문양, 금색, 은색, 흑색이 있다.
- **면엽**(面燁) **:** 뺨의 보조개가 있는 부위에 화장을 하였다.
- **사홍 :** 사선으로 빨강을 칠한다는 뜻으로 사선으로 경계선을 나타냈다.

화전, 사홍, 면엽

화전

부녀화장(사홍)

당대의 홍화장

⑤ 송·원시대(宋 · 元時代)

외적으로 요(遼) · 금(金)의 압박에 시달리던 시대이다. 송대의 통치사상은 이학(理學)이었고, 보수적인 문화성향을 띠게 되었다.

당대에는 소박한 자연미가 강조되었던 시대로, 색조화장은 뺨에 연지를 엷게 발랐고, 석고분으로 만든 옥녀도화분이 있었으며 익모초로 분을 만들었다.

송대의 여성 눈썹은 두께가 넓은 달 모양으로 그려서 한쪽 끝에서 붓으로 그렸다.

원대 눈썹은 '一'자 눈썹으로 평평하고 가지런하게 그렸으며, 자를 사용하여 그렸기 때문에 형태가 한결 같다. 이는 몽골족 귀족 여성들 눈썹양식이다.

송대 여성의 눈썹화장

원대 여성의 일자눈썹

⑥ 명·청시대(明 · 淸時代)

명대는 경제적으로 풍요롭고 호화로운 반면에 화장 문화에서는 다소 엄격한 통제를 가하였다. 청은 만주족이 건국하여 만주족 문화를 지키려 했으나 한족문화와 혼합되는 복합적인 문화양상을 나타냈다.

색조화장은 자연스러움을 추구하였고, 청나라 때 여학당이 성행하여 엷은 화장과 단아한 복장을 해야 했다.

화장형태

- **미분, 연분으로 화장**
- **명대 :** 진주분(꽃씨로 제작)
- **청대 :** 석분(활석과 광석을 갈아 만듦)
  백분(흰색이었지만 점차 다양한 색분이 만들어짐)
- **눈썹 :** 곡선으로 섬세하게 눈썹털을 많게 그림
- **입술 :** 윗입술(얇게 그림)
  아랫입술(작고 둥글게 요염하게 그림)

명대 여성화장

청대 여성화장

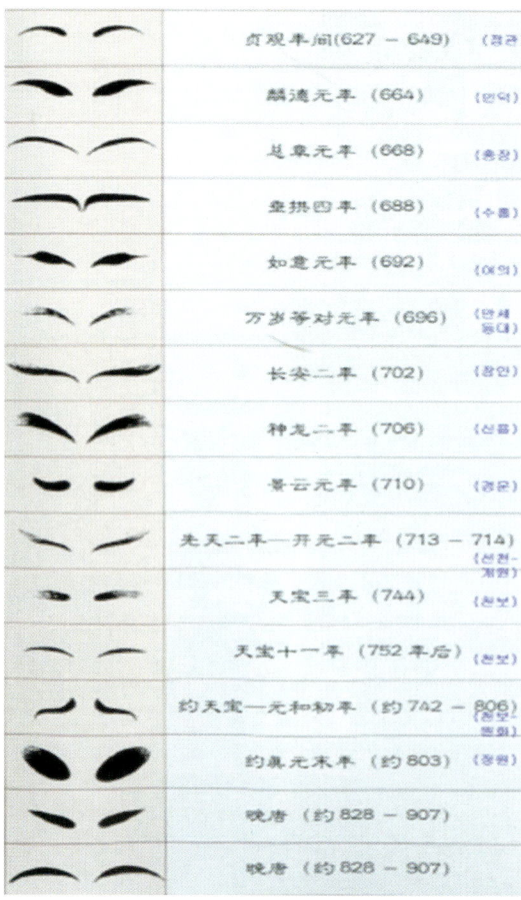

고대 중국인들의 눈썹 형태

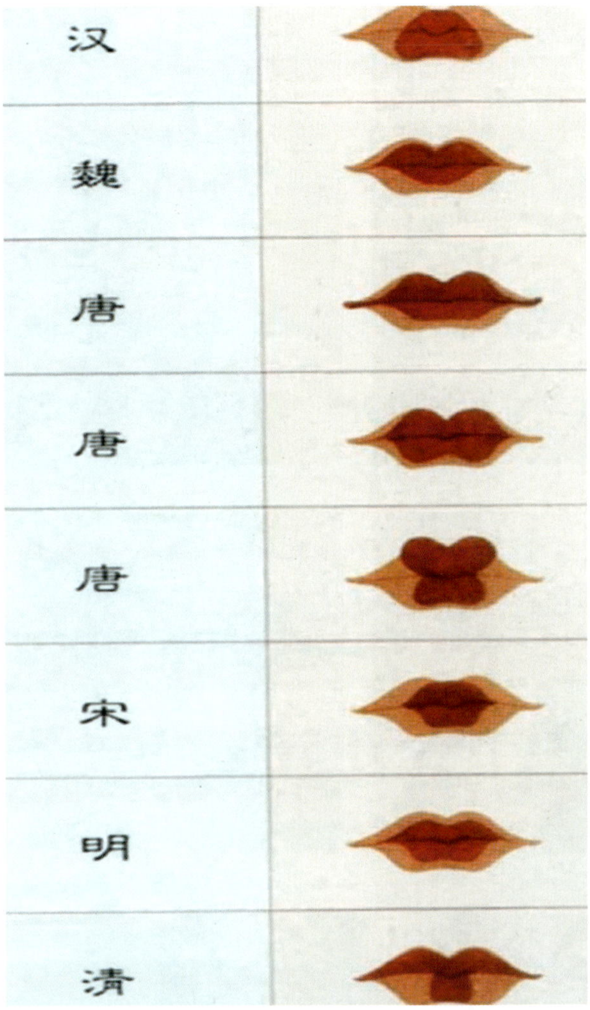

한나라부터 청나라까지의 입술형태

당나라 때
이마에 그린 화전

중국의 다양한 경극화장

(2) 일본의 역사

일본은 고대부터 중국과 한국의 정치, 종교, 문화를 받아들였으며, 화장 재료나 화장법도 백제로부터 전해졌다. 백분은 한국이나 중국에서 들여오다가 원흥사의 관성인 승려에 의해 만들어졌다.

① 상고(上古)

5세기경 천황을 중심으로 야마토 호족들이 국가 형태를 이루었다.
세력다툼으로 혼란한 시기였으며, 원시시대의 화장 시기로써 붉은 흙으로 몸을 칠하고, 문신을 하였으며, 치아를 검게 하는 흑치가 시행되었다.

화장형태

- **흑치** : 초산에 철을 녹인 용액으로 치아를 검게 물들이는 일본의 원시적인 화장법, 장식의 의미도 있다.
- **헤이안 시대** : 눈썹을 밀고 하얀 분칠, 원래 눈썹보다 조금 위에 점을 찍어서 눈썹을 그림 – 히키마유(引眉, 그린 눈썹)

헤이안시대 화장법

하니와(홍화장의 모습)

② 고대(古代-奈良·平安時代)

천황의 혈통인 황자가 세습하여 정치를 담당하였고, 여황제인 지통천황(持統天皇:690~697)에 이르러 원흥사의 승려인 관성이 연분을 제조하여 바쳤다.
6세기 일본에 불교가 전해졌고, 이때의 불상은 가늘고 긴 눈썹을 하고 있었다.

화장형태

- 눈썹 : 검푸른 흙에 붉은 기가 섞인 미묵 사용, 본래의 눈썹은 족집게로 뽑았다.
  가늘고 긴 눈썹
- 얼굴 : 연지 바름(중국, 한국의 풍습)
- 이마 : 황분 칠함(당나라의 풍습)
- 뺨, 입술 : 연지 바름(당나라 풍습)
- 입술 : 작고 도톰하게 표현

고대의 여성 화장

고대의 불화

③ 중세(中世-鎌倉 · 南北朝 · 實町 · 挑山)

무사세력으로 귀족정권이 사라지고 막부(鎌倉)를 성립시킨 시기로 50년간의 남 · 북조의 분쟁으로 혼란한 시기였고, 하극상의 사회가 100년간 지속되었다.

그 후 무로마찌(實町) 시대에 안정국면으로 접어들면서 민중문화가 발달하였다.

화장형태

- **화장문화 :** 소박하였다가 모모야마(桃山) 시대에 다시 화려해짐
- **눈썹 :** • 막부시대 – 일자눈썹, 아래는 반원
  • 무로마찌시대 – 다양한 눈썹 형태
- **미묵 :** 송연묵 사용
- **입술 :** • 짙게 표현
  • 막부 중기 : 아랫입술을 더욱 짙게 표현
  • 막부 후기 : 아랫입술은 더욱 짙고 먹을 칠한 듯 검게 표현

중세 불화

④ 근세(近世-江戸)

에도(江戸)를 중심으로 막번체제가 생겨났고, 사농공상의 신분제도를 통한 봉건사회가 유지되었으며 농업, 상업, 교통, 학문, 예술 등이 활발히 발달하였다.

19세기에 정치, 경제가 혼란하여 서민풍속이 성행하였으며, 사회현상에서는 기녀, 배우, 방랑자 등에서도 풍속유행이 나타나기도 하였다.

화장형태

- **색조 화장 문화 발달, 일본 특유의 눈썹화장이 나타남**
- **남성** : 치흑이 성행
- **에도시대 초기의 백분** : 고체 형태
- **에도시대 후기의 백분** : 지금의 파운데이션 형태
- **연분** : 납 포함
- **납성분** : 피부가 건조하고 잔주름이 생김, 피부가 탄력을 잃고 흑색으로 변함(피부의 암갈색, 황갈색 변색)
- **눈썹** : 완전히 깎아서 없앰(기혼 여성)
- **연지** : 뺨에 바름(짙은 화장은 기피)
- **입술** : 짙푸른 색은 사라지고 연지를 바름

근세여성의 눈썹화장

⑤ 가부키 화장

가부키 어원은 '쏠리다, 기울다, 치우치다'라는 뜻으로 가타무쿠의 고어 가부쿠에서 생겨났으며, 가부쿠의 뜻은 '기발한 옷차림을 하다'라는 의미를 지니고 있다.

에도시대 초기에는 격식을 벗어난 행동과 화려한 의상이 유행하였고, 이러한 사람들을 가부키몬이라 불렀다.

이 시대에 오쿠니라는 무녀는 유행했던 노래와 의상과 무용을 합하여 새로운 무용을 창시했는데 이것이 곧 가부키의 시초가 되었다.

가부키란 '노래하고 춤추는 예기(藝妓)'를 뜻하고, 가무기(歌舞妓), 기악(伎樂), 기예(技藝)의 의미를 갖고 있으며, 메이지 시대에는 가부키의 명칭이 가무기(歌舞妓)라 통일되었다.

화장형태

- **유조가부키 :** 유녀가 출연하는 여성가부키(무용중심)
- **와카슈가뷰키 :** 소년이 출연하는 가부키(무용중심)
- **야로가부키 :** 매춘을 일삼기도 해서, 풍속을 어지럽히기에 여성과 소년을 출연 금지시키고, 성인남자가 여자 역할을 맡게 되었다. (연극 형태 – 역사적 소재 근거(교겐) : 시바이로 불렀다)

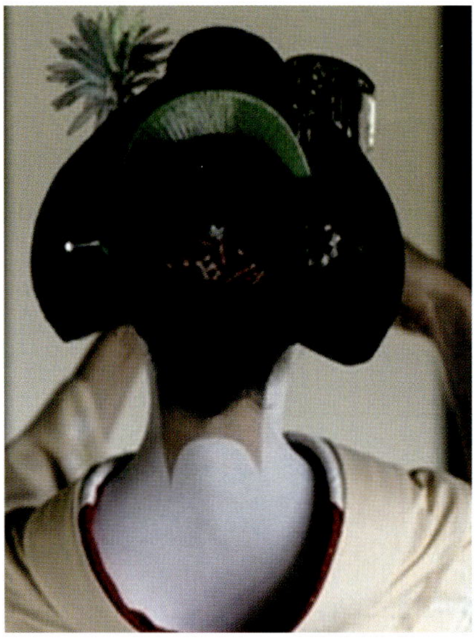

가부키 화장

(3) 한국의 역사

한국의 역사(韓國-歷史)는 선사시대의 구석기, 신석기 시대, 상고시대의 청동기, 고조선, 철기 시대, 고대의 삼국시대, 남북국 시대와 고려시대, 조선시대, 근대의 대한제국 수립과 현대의 대한민국까지 구분된다.

① 상고시대

청동기 시대부터 초기 국가 성립까지의 시대이며, 기원전 약 2000년~서기 300년경의 시기에 해당된다.

A. 청동기 시대

- 계급이 발생, 족장(군장) 출현, 청동기 사용
- 고인돌(돌무덤), 비파형 동검
- 부족장은 국가를 이룸
- 토기 : 나무로 된 민무늬 토기
- 농기구 : 반달모양의 돌칼, 맷돌

B. 고조선

- 청동기 시대의 한국 최초 국가
- 단군조선 시기와 위만조선 시기로 나뉨

C. 철기 시대

- 철제 농기구 생산 : 주철 기술 도입
- 북쪽 만주지방 : 부여, 고구려, 옥저, 동예가 성립됨
- 남부지방 : 마한, 변한, 진한의 삼한 연맹체가 형성

화장형태

- **피부 :** 백색 피부(마늘과 쑥이용)
- **쑥 :** 목욕 시 달여서 사용, 미백효과와 잡티 제거, 피부병의 예방효과가 있음
- **마늘 :** 스콜진의 작용으로 마늘을 찧어서 꿀과 섞어 바름, 미백효과
- **고조선 :** 향유 또는 향료를 발견
- **부족국가**
  - **읍루와 말갈인 :** 돼지기름으로 피부를 희고 부드럽게 함, 오줌으로 세수를 하여 피부를 희게 함
  - **낙랑 :** 이마가 넓고 눈썹을 굵고 진하게 표현
  - **마한과 변진 :** 문신이 성행(신분을 구별하기 위한 수단)
  - **장신구 :** 돌, 조개껍데기, 짐승의 뼈로 제작

낙랑군

말갈족

낙랑시대의 칠기

청동시대의 거울

② 고대(삼국시대)

한국의 고대는 기원전 1세기부터 900년까지의 시기를 말하며, 고구려, 백제, 신라로 합쳐진 삼국시대를 말한다.

A. 고구려(B.C. 37~A.D. 668)

동가강(佟佳江) 유역(강물이 흐르는 언저리)에 건립하였고, 북만주로부터 남쪽 대동강 유역 아래까지 장악하였으며, 427년 수도를 평양으로 옮겼다.

화장형태

- **화장문화 :** 중국의 영향
- **연지 :** 주사로 만들어짐
- **안악 제3호 무덤의 초상화 :** 살찐 얼굴 외형과 가는 눈매, 작은 입, 자애로운 모습
- **수산리 고분벽화 :** 갸름한 얼굴형, 연지곤지 화장, 눈썹은 넓게 곡선형
- **쌍영총 :** 연지화장, 눈화장(오렌지색 사용)
- **무녀와 악공이 연지화장을 함**(삼국사기에 기록됨)

색조 화장

고분벽화의 연지

고구려의 여인상

고구려의 여인상

B. 백제(B.C. 18~A.D. 660)

기원전 18년에 주몽의 아들인 온조에 의해 하남 위례성에 건국되었다.

백제의 문화는 섬세하고 세련되었다. 유적으로는 한성시대의 몽촌토성, 풍납동 유적지 등이 있다.

화장형태

- 엷고 은은한 화장이 유행

백제인의 모습

C. 신라(B.C. 57~A.D. 668)

기원전 57년경에 경주에 건국되었고, 수 · 당의 문화를 받아들이며 문화를 형성하였다.

신라인들은 영혼과 육체의 아름다움을 중시하고, 영육일치사상을 갖고 있었다.

화장형태

- **눈썹화장 :** 미묵(굴참나무, 너도밤나무의 나뭇재를 유연에 개어 눈썹을 그림)
- **남자화랑 :** 화장을 하고, 목걸이, 귀걸이 등 장신구로 치장을 함
- **향 :** 대중화되었고, 식물 · 동물 · 광물로 다양함
- **목욕시설 :** 쑥탕, 쌀겨탕
- **목용용품 :** 토기세숫대야와 녹두, 잿물 등으로 만든 조두(세정역할의 비누)
- **색조화장 :** 분, 연지
- **백분 :** 곡식의 가루, 광물성 가루로 만듦(혼례 시 사용)
- **연분 :** 피부에 해가 없고 화장효과가 좋아 주로 애용됨
- **연지 :** 붉은 염료의 홍화
- **입술, 볼화장 :** 잇꽃
- **화장품 용기 :** 작은 접시, 유병 등 제작

장회태자묘 벽화 : 신라 사신

D. 통일신라(A.D.669~935)

고대의 정치문화가 통합된 시기이고, 당과의 문화교류가 활발했다.
정치적 · 경제적으로 안정을 이루었으며, 한국 여성의 색조화장 부흥기라 할 수 있다.

화장형태

- **색조화장 :** 화려하고 짙어짐
- **문무왕대에 '부녀의 복식제도를 당과 동일하게 하라'는 왕명으로 중국 여인들의 짙은 색조화장이 도입**
- **백분 :** 붉은 색을 염색한 색분을 제조(연지, 볼연지로 사용)
- **영육일치 :** 화장용구, 장신구, 의상, 화장 등 완벽하게 꾸밈
- **얼굴 :** 하얀 피부
- **입술 :** 연지 바름

수리산 벽화 무덤

통일신라시대의 유물

E. 고려(918~1392)

태조 왕건이 후고구려를 멸망시키고 신라와 백제를 통합하였다. 후기 때에는 정치적으로 몽골의 간섭을 받았으며, 권문세족(문벌 귀족 가문)은 불법행위와 지나친 세도로 무신난에 의해 붕괴되기 시작하였다.

고려시대에는 불교적 문화와 유교적 문화가 발전하였고 귀족문화가 발전하였다.

화장형태

- **대야** : 청동, 청자, 토기 등으로 제작됨
- **향** : 난을 삶아 우린 물로 목욕, 비단 향낭을 패용
- **벽화** : 가늘고 긴 눈썹과 눈, 둥근 얼굴(피리부는 선녀)
- **분** : 곡식 분말, 분꽃, 백토 등 자연 재료의 대중적인 백분과 납성분의 납분을 사용
- **백분** : 청자 분합에 저장, 개어쓰기 위해 분접시와 물그릇으로 쓰임
- **연지** : 홍화, 주석의 수은을 섞어 제조, 고체의 연지
- **기생** : 넓은 곡선형과 가늘고 선명하게 강조
- **교방** : 기생들이 직업적으로 육성됨
- **분대화장법**
  - 분과 눈썹먹을 사용, 기생들의 화장법
  - 진하고 화려함
  - 피부 : 창백하게 분화장
  - 눈썹 : 가늘게 그리고 이마의 반을 가리는 버들형의 눈썹
  - 입술 : 붉게 연지 바름
  - 볼 : 복숭아색을 띠고 기름을 발라 윤기나게 함

남동쪽 장벽의 인물풍속도

공민왕과 노국공주의 초상

고려 도경에서의 왕비 복식

여사잠도의 일부분

F. 조선(1392~1910)

고려의 무신 이성계는 위화도에서 위화도회군을 일으켜 정권과 군권을 장악하고, 경제권까지 장악하였다. 이후, 정몽주가 제거되고 새 왕조를 세우며 태조가 되었다.
조선 말기에는 철종의 뒤를 이어 흥선군의 둘째 아들 고종이 즉위하였고, 명성황후가 시해당하는 사건으로 인해 반일 감정이 생겼으며 고종은 경복궁에서 아관파천을 단행하였다. 조선왕조는 유교사상과 철학이념으로 통치돼 이로 인한 사회풍조, 임진왜란 등의 전쟁으로 인해 일반인들의 화장은 다소 옅어졌다.

화장형태

- **색조화장** : 백색피부, 분화장, 연지
- **눈썹화장** : 눈썹숱과 길이는 적당히 둥글고 자연스럽게 표현
- **눈썹색상** : 검정색, 밤색, 회색, 자색 등 식물을 태워 만듦
  - 고급 눈썹색상 : 송연묵(달개비꽃잎을 태운 재와 호마유를 개어 만듦)
  - 서민 : 아궁이의 숯검댕이나 보리 깜부기를 사용
- **연지** : 입술, 양볼, 이마, 홍람화(잇꽃)을 말려 빻아 만듦
- **입술** : 일본의 가부키 화장 형태, 입술 끝에만 빨갛게 바름
- **인삼탕** : 피부를 윤택하게 함
- **마늘** : 목욕 시 여드름 치료, 동상 예방효과
- **담장** : 기초화장 위주, 엷은 색조
- **농장** : 담장보다 짙은 상태의 멋내기, 색채화장
- **염장** : 짙은 상태의 색채화장, 요염한 색채 표현
- **응장** : 농장과 비슷, 혼례화장
- **장렴** : 화장품과 화장용구(경대, 빗)
- **분대화장** : 화려한 화장의 기생화장
- **분대** : 백분과 눈썹먹을 가리키는 말로 화장품을 총칭함
- **향장** : 궁중에서 쓰여지는 각종 향 제조
- **매분구** : 화장품 행상

양반댁 여자

명성황후

조선시대 귀족

윤비(순종비)와 궁중 여인들 1900년대

왕실여인(1900)

이완용의 부인(1880)

지조를 지키는 조선시대 기생

일본장교와 두 기녀(1901)

결혼예복을 입은 신부(1902)

신윤복의 미인도

조반부인상

기녀(계월향초상)

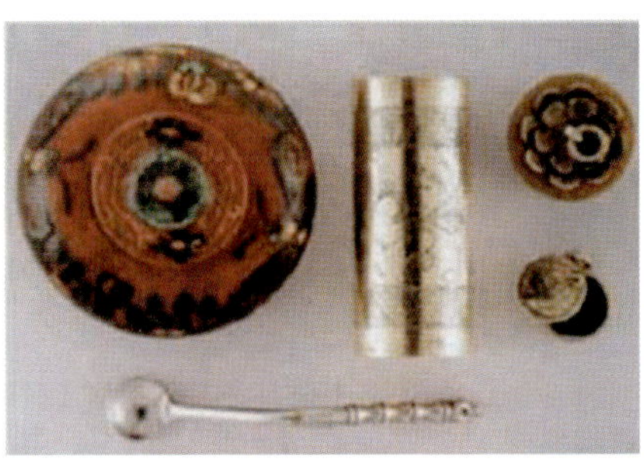

화장 용구

박가분

'뽀뽀파후' 퍼프
(PoPo Powder PUFF)
(20세기 후반)

2) 서양의 역사

(1) 고대

① 이집트(B.C. 3200년경)

고대 이집트에서는 영생을 믿는 종교관에서 죽은 사람에게 향유를 방부제를 사용하였고, 이는 주술적 목적이었다.

태양열에 피부의 노화와 손상을 방지하기 위해 연고를 기름과 함께 피부에 바르는 크림을 제조하였다. 검은색 코올(kohl)로 아이라인을 칠하였는데 눈병의 예방 및 치료, 벌레로부터 눈을 보호하며 주술적 의미도 갖고 있었다. 손발과 손톱, 머리에는 헤나를 사용하여 염색을 하였으며, 클레오파트라 시대에 이집트의 메이크업은 절정은 이루었다.

화장형태

- **코올(Kohl) :** 맬러카이트와 걸리너, 안티몬의 가루를 동물기름과 섞어서 만든 액체, 검은 납으로 만듦
  - 아이섀도우, 아이라인(검정, 회색, 녹색, 청색 등)
  - 곤충, 태양광선, 모래 등으로부터 눈을 보호
  - 안티몬 미묵 : 사막의 자연환경에서 눈을 보호(호루스의 눈을 상징)
- **눈화장 :** 코올로 만든 청색, 녹색계열로 섀도우를 바름
  - 눈썹 : 검은색으로 길게 그림
  - 볼과 입술 : 붉은 황토흙 오커(Ocher)를 양의 기름으로 반죽해서 붓으로 바름
  - 연지, 입술 : 홍색, 뺨에는 분홍색의 헤나나 색이 있는 꽃잎들을 으깨어 사용

② 그리스(B.C. 3000~B.C. 400)

기독교와 서양 문화의 정신적 지주가 되었고, 아테네와 아티가에서 이오니아인들과 도리아족은 전쟁이 계속되었다. 도리아족은 펠로폰네스 반도와 크리트 섬에 정착하였으며 이오니아인에 의해 그리스 문명이 개화하였다.

알렉산더 대왕의 동방정복으로 그리스 문화와 동방의 문화와 혼합된 헬레니즘 문화는 인도와 지중해까지 전파되었다.

그리스인들은 이상주의적이고 합리적인 문화였고, 자연스러운 육체의 아름다움을 중요시하여 복식에서도 재단, 재봉을 하지 않고 그대로 두르는 자연스러운 형태의 드레이프를 선호하였다. 또한 종교, 문학, 학문, 예술 등 그리스인들의 문화는 폴리스 생활을 통해 발현된 것이다.

화장형태

- **색조화장은 발달하지 못했고, 인체의 아름다움을 표현**
- **헬레니즘 사상 :** 스파르타에서는 리쿠르고스가 화장품을 근절시킴
  - 남자 : 목욕 후 마사지를 즐김, 머릿기름과 향유 등을 바름
  - 여자 : 남편을 위한 밤 화장함(헤어스타일에 많은 변화를 줌)
- **칼렌(Galen, A.D. 130~200) :** 임상생리학의 아버지
  - 최초로 약학과 본초학을 접목시켜 콜드크림 만듦
- **코스메티케 테크네(kosmetike techne) :** 의학적인 학문의 화장술
- **코모티케 테크네(kosmetike techne) :** 과도한 장식적인 화장술
- **이집트인보다 정교하게 함**
- **여인 :** 아침에 입욕 – 마요나라(marjoram)의 꽃과 포도꽃에서 얻은 향료를 전신에 뿌리고 개어서 만든 기름을 몸에 문질러 바름
- **입술, 볼 :** 푸른 산화연을 개어 만든 루즈를 바름
- **분 :** 흰 납가루 사용
- **눈썹 :** 검고 길게 늘어뜨려 그림(미간 좁게 보임), 안티몬으로 검게 표현
- **인조눈썹 사용**
- **눈 :** 사프란이나 재를 칠함
- **고급창녀 :** 가장 요란하게 화장함(코모티케 테크네) – 피부에 연분 사용, 입술은 붉게 눈은 짙게 함
- **연분 :** 인류를 납중독에 시달리게 함

그리스의 벽화

여인상

그리스 인물상

밀로의 비너스

로마황제의 흉상

③ 로마(B.C. 8세기~3세기)

로마의 계급은 귀족(patricus), 평민(plebs), 예민(cliens), 노예(servus)로 구성되었다.
그리스 문화를 토대로 헬레니즘, 에투루리아, 이집트 등 선행한 문화를 흡수하였고, 각 민족문화의 장점을 모아 로마만의 문화로 만들었다.
또한, 로마인은 목욕을 즐겼으며 목욕장은 사교장이 되었다. 로마여성은 사치와 쾌락, 허례허식에 빠져 있었다.

화장형태

- **피부관리 :** 목욕문화 발달, 공중목욕탕 번성
  - 공중목욕탕 : 사교모임, 사회적 기능을 겸함
  - 목욕 후 제모, 올리브 오일 사용
- **흰피부 선호 :** 백연의 과도한 사용으로 얼굴빛이 변색됨
- **눈 :** 안티몬이나 사프란으로 검게 화장
- **볼 :** 아프칸나나 연단으로 붉은 칠함
- **치아 :** 의치나 뿔을 입힘, 구취 제거(파슬리)
- **남자 :** 화장함(사랑에 빠진 남성 : 창백하고 수척해 보여야 함)

카셀레의 발라 로마나(Villa Romana del Casale)에서
발견된 벽화

아르테미스

의상

(2) 중세

① 비잔틴시대(4~10세기)

비잔틴 시대의 전성기는 유스티니아누스(Justinianus) 황제시대였고, 미술 분야에서 특색이 잘 나타났으며, 대표적 양식은 모자이크에서 볼 수 있다.

화장형태

- **기독교의 영향으로 화장을 경시**
- **행실이 나쁜 여성이나 연극인, 예능인에게 행해짐**
- **처녀들의 정숙함을 표시하기 위해 볼에 붉은 색을 사용하는 것만 허용**

유스티니아누스 황제(산 비탈레 성당)

비잔틴 시대의 유물

엘그레코
(본명 : 도메니코스테오토코폴로스)

② 로마네스크시대(11~13세기)

교회의 권력은 중세문화를 지배하였고, 로마네스크는 유럽문화의 근원이 로마에 있었음을 보여준 예술의 신 양식을 말한다. 즉 성당, 수도원 같은 종교건축에 돔형과 반원형의 특징으로 나타난다.

화장형태

- **안티몬과 향유 등의 화장 재료들과 회교도의 화장 풍습이 전해져서 여자들은 치장하는 것에 관심이 생겨났다.**

로마네스크 건축물의 벽화

③ 고딕시대(14~15세기)

휴머니즘이 일어나는 시기의 미술양식이며, 고딕 건축은 신에 대한 숭배심으로 첨탑으로 천장과 창을 높게 하여 수직성을 강조하였다. 교회에 갈 때는 반드시 베일을 썼다.

화장형태

- **피부를 희게 표현** : 흰색의 안료를 사용. 피를 뽑아내기도 함
- **입술, 뺨, 손톱** : 붉은 색을 선호
- **입술** : 붉은색, 도톰한 형태의 볼륨감 있게 표현
- **이마** : 넓은 이마, 제모(박쥐나 개구리의 피를 바름)
- **눈썹** : 가늘고 갈색이며 아치형(넓은 이마 강조)

반 에익의 지오반니 아르놀피니와 그 부인의 초상

고딕시대 여성의 모습

로제반데르웨이덴, 부인의 초상

고딕시대의 건축 양식

(3) 근세

① 르네상스(16세기)

르네상스는 그리스, 로마의 고전문예가 부활한 것을 의미하며, 14세기부터 16세기 문예 부흥, 학예 부흥은 유럽 문명사에서 문예부흥 운동을 말한다.

르네상스 운동은 베네치아, 제노바, 밀라노, 피렌체 등 이탈리아에서 시작되어 유럽의 프랑스, 네덜란드, 영국, 독일, 스페인 등으로 퍼져나갔다.

르네상스 시대에는 육체의 미를 찬양하였으며, 종교개혁이 일어나면서 개인주의와 향락주의에 빠져들기도 하였다. 귀족과 부유층들은 남성과 여성들이 화려한 의복과 화장을 즐겼다. 또한 사교를 위해 화장은 필수 조건이었다.

화장형태

- **이탈리아 여성 :** 흰 피부 선호(포도주를 마실 때 포도주가 비춰 보여야 된다고 할 정도)
- **향수 :** 몸의 체취 제거용
- **엘리자베스 1세 여왕**
  - 창백하고 짙은 화장
  - 신체 일부 : 하얗게 분을 바르고, 이마에는 정맥을 그림
  - 도료 : 윤기 있게 보이게 덧바름
  - 이마 : 눈썹을 뽑아 넓게 보이게 함
  - 가발을 착용(80여 개 가발 보유)

엘리자베스 1세

브론치노(메디치의 여인)

헨리 8세

카트린드 메디치 왕비

② 바로크(17세기)

바로크(프랑스어: baroque,이탈리아어: barocco)는 '일그러진 진주'를 의미하는 포르투갈어 'pérola barroca'의 프랑스 전사인 'Baroque'에서 유래되었고 절대 왕정시대이다.

귀족들의 권위를 나타내며, 화려하고 호화로운 장식 등 과장된 형태가 미술, 음악, 건축에서도 잘 나타나 있다.

루이 14세의 권력은 왕을 중심으로 하는 절대왕정제도가 확립되었고, 왕비와 궁정의 여성들이 패션을 이끌어 갔다. 바로크 미술은 빛과 어둠의 대비를 극대화시켰으며, 화려하고 웅장한 건축물에서도 바로크 양식이 잘 나타나 있다.

화장형태

- **미인의 모습 :** 포동포동하고 성숙한 여인
- **피부 :** 광택 없이 희게 분을 바름(백연) 포도주를 마실 포도주가 넘어가는 것이 보일 정도로 투명해야 함
- **패치(Patch : 애교점) 사용 :** 달, 초승달, 별, 혜성 등
- **연지 :** 붉은 계열, 자홍색, 장미색, 주홍색 등을 볼의 전면에 넓게 칠함
- **입술 :** 밝은 색조, 둥근 형태
- **광대뼈와 눈 주위 :** 원형으로 둥글게 연지 바름
- **눈썹 :** 짙고 둥글게 표현

루이 14세

마담 드 몽테스팡
(루이 14세 정부)

마리아 테레사

루이 14세와 그의 가족들

베르사유 궁

③ 로코코(18세기)

로코코의 어원은 프랑스어 로카일(rocaille)이라는 '조개껍질의 세공'에서 유래되었고, 루이 14세의 사후, 루이 15세 시대에 화려하고 세련된 귀족문화는 극치에 달했으며, 귀족취미와 문화를 말한다. 로코코 시대를 대표하는 여성들은 퐁파두르, 뒤바리, 마리 앙투아네트가 있고, 여성 복식에는 진주, 레이스, 꽃, 깃털, 리본 등의 장식을 조화롭게 배치하고 우아한 곡선미를 표현하였다.

화장형태

- **피부** : 백분을 발라 희게 표현
- **볼** : 붉게 표현, 혈관은 아름다운 푸른색으로 표현
- **눈썹** : 둥글게 표현
- **패치 붙임** : 다이아몬드(귀부인), 둥근 모양, 별, 십자가, 색색의 동물형
- **인조눈썹** : 쥐의 피부로 만들어 아교로 붙임

뷔르츠부르크레지덴츠
궁전 접견실

루이 15세

뒤 바리 백작 부인

마담 퐁파두르(Portrait or Marquise de Pompadour)

마리 앙투아네트

(4) 근대(19세기)

① 엠파이어시대(1799~1814년)

프랑스는 산업혁명이 시작되었고, 나폴레옹의 시대가 열렸다. 직물공업이 눈부시게 발전하여 그로 인해 귀족들은 복식의 호화로움을 가져왔으며, 프랑스의 상징적 의상인 엠파이어 스타일이 유행하였다.

화장형태

- 창백한 화장법
- 강한 화장은 사라짐
- 자연스러움 강조, 향수만을 사용

죠세핀

나폴레옹

황제 나폴레옹, 황후 죠세핀 대관식
(노트르담(Notre-Dame)

② 로맨틱시대(1814~1850년)

사회적, 정치적 개혁은 계속되었고 감정과 감성을 중시하였으며, 음악, 미술, 문학 등에서 낭만주의 예술가들이 나타났다. 음악가로는 베토벤, 슈베르트 등이 낭만주의를 창시하였고, 무도회나 오페라 관람이 성행하였다. 복식에서는 코르셋의 유행과 패티코트를 부활시켰다.

화장형태

- **피부 :** 창백한 피부 표현
- **눈 화장 :** 안 한 듯하게 자연스럽게 연출
- **볼연지 :** 볼 위쪽에 붉게 표현
- **두꺼운 화장 :** 연극이나 무대에 한정됨

빅토리아 여왕

브로글리 공주

르블랑 부인

③ 크리놀린시대(1850~1870년)

중산층의 힘이 커져 갔고, 기계에 의한 산업과 과학기술이 발달되었다. 낭만주의에서 리얼리즘 시대로 바뀌어 갔으며, 상류층에서는 화려한 의상을 입고 무도회에 참석하는 일이 일상생활이 되었다. 야유회를 즐겼으며, 등산, 스케이트, 경마 등 운동을 즐겼다. 또한 스포츠 의복이 발달하여 재봉틀의 대량생산이 가능해졌다.

화장형태

- **피부** : 촉촉하고 창백하게 표현
- **팩** : 밤에 팩을 함(생고기, 달걀 흰자)
- **볼** : 붉게 표현

엘리자베트
아말리에 유제니

레이디 미들턴

시녀들에 둘러싸여 있는
유제니 왕비

④ 버슬시대(1870~1914)

인공염료와 레이온 등이 대량 생산되었고 산업혁명이 일어났다. 빅토리아 여왕의 스타일은 국민의 표준이 되었다. 복식의 형태는 파니에를 이용하여 힙을 강조하는 버슬스타일이 유행하였다.

⑤ S-curve시대

예술가들은 식물의 곡선을 모티브로한 아르누보의 형식을 표현하였고, 여성의 복식에서도 곡선형태의 S자형 스타일을 만들었다. 프랑스 혁명과 자연주의 사상이 일어났으며, 화장품 성분과 제조술의 발달로 분을 만들어 공급하게 되었다.

이 시대에는 증기목욕, 염모, 탈모, 마사지 등이 행해졌으며 색조화장은 자연스러워졌다.

화장형태

- **피부 :** 흰 피부 선호, 얇은 베일 착용
- **화장 :** 자연스러움
- **증기목욕, 염모, 탈모, 매니큐어, 마사지 등이 행해짐**
- **매니큐어 :** 신조어로 손과 손톱을 손질하는 것을 의미

3. 메이크업의 도구 및 사용방법

1) 스펀지

(1) 용도

- 파운데이션을 고르게 바르며 피부 표현을 할 때 용이
- 평평한 부분은 얼굴, 이마 등 넓은 면적을 바를 때 적합
- 각이 진 모서리 부분은 눈밑, 콧방울, 입가 등 굴곡 있는 부분에 적합

(2) 종류

- 스펀지 : 라텍스로 만들어졌으며, 다양한 디자인과 색상으로 구분
- 천연해면 : 물에 적셔서 사용하며, 부드러워서 민감성 피부에 좋다

스펀지		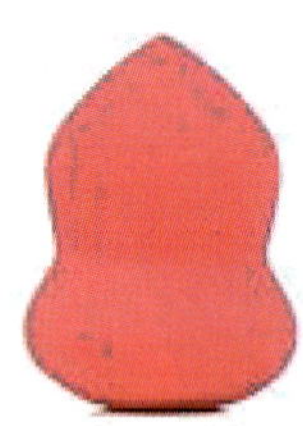	
천연해면			

2) 파우더 퍼프

(1) 용도

- 압축파우더나 가루로 된 파우더를 바를 때 사용, 유분기 제거
- 여러 개를 준비하여 청결하게 사용

(2) 종류

- 면 : 매트하게 바르거나 촘촘히 바를 때 사용하며, 면의 길이가 다소 긴 것은
  약간의 유분기만 제거 시 사용
- 라텍스 : 꼼꼼하게 누르듯이 사용하며, 밀착감을 부여

3) 브러시

(1) 용도

아이섀도우나 파우더를 바를 때, 파운데이션 또는 색조 화장 시 그라데이션이 용이

(2) 재질

- 천연모, 인조모, 족제비털, 다람쥐털, 말털, 양털 등으로 제작
- 부드럽고 탄력이 있으며 숱이 많은 천연모가 우수

(3) 세척방법

- 전용 크리너로 세척
- 미지근한 물에 샴푸를 타서 부드럽게 누르듯이 세척 후 린스에 헹구어 그늘진 곳에서 완벽히 말린 후 사용

4) 브러시의 기능 및 사용방법

(1) 콤 브러시

① 용도

- 눈썹을 빗고 모양을 잡아 줄 때 적합
- 빗으로 된 부분 : 눈썹길이 수정, 마스카라 후 속눈썹을 정돈할 때 적합

② 사용 방법

- 눈썹 앞머리는 위쪽 방향으로 빗고 눈썹산과 눈썹 꼬리 부분을 비스듬히 상향으로 빗으며 정리함
- 빗 부분은 속눈썹을 위쪽으로 빗어 올리듯 사용

(2) 스크류 브러시

① 용도

- 주로 족제비 털로 만들어지며, 눈썹 정리할 때와 눈썹을 자연스럽게 연출할 때, 속눈썹 마스카라가 뭉쳤을 때 적합

② 사용 방법

- 솔 부분을 약간 휘게 한 상태에서 눈썹을 위쪽으로 빗어 올리며 사용

(3) 사선 브러시(눈썹 브러시)

① 용도

- 다양한 눈썹을 연출할 때 사용
- 아이홀 패턴을 그릴 때 사용

② 사용 방법

- 아이브로우 섀도우를 묻힌 후 눈썹을 사이사이 메꾸듯이 사용
- 눈썹 앞머리는 넓게 사용하고 눈썹 끝부분은 브러시를 세워서 정교하게 사용
- 솔 부분이 벌어지지 않고 탄력 있으며 촘촘한 브러시가 적합

(4) 아이섀도우 브러시

① 용도

- 눈두덩이에 섀도우를 펴 바를 때 사용
- 1차 베이스 브러시, 2차 메인 브러시, 3차 포인트 브러시

② 사용 방법

- 1차 베이스 브러시 : 눈두덩이에 섀도우를 넓게 펴 바를 때 사용
- 2차 메인 브러시 : 원하는 섀도우 컬러를 눈두덩이의 1/2 부분에 바를 때 사용
- 3차 포인트 브러시 : 섀도우 눈꼬리 부분과 언더컬러를 바르거나, 섬세하게 바를 때, 좁은 면적에 포인트를 주어 음영을 줄 때 사용
- U자 형태의 납작하고 털이 촘촘하며 부드럽고 탄력이 있는 것이 우수

베이스 브러시

메인 브러시

포인트 브러시

(5) 아이라이너 브러시

① 용도

- 세필붓처럼 끝이 뾰족하며 가는 브러시
- 리퀴드 타입과 케익 타입 아이라이너로 라인을 그릴 때 사용

② 사용 방법

- 아이라이너를 묻힌 후 브러시를 살짝 눕혀서 사용
- 사용 후에는 솔을 모아서 보관용기에 보관
- 솔 부분이 너무 길지 않고, 털끝이 벌어지지 않으며 탄력이 있는 것이 우수

(6) 젤 타입 아이라이너 브러시

① 용도

젤 라이너를 그릴 때 사용

② 사용 방법

- 젤 타입의 아이라이너를 소량 묻혀 눈썹 사이사이를 메꾸듯이 그리듯 사용
- 사용 후에는 아이 리무버로 닦아 두는 것이 적합

(7) 입술 브러시

① 용도

립스틱이나 립글로스를 바를 때 사용

② 사용 방법

- 립스틱을 립솔에 묻혀 브러시의 면적 부분이 입술에 닿게 표현한다.
- 립글로스를 립솔에 묻혀 입술 중앙 부위부터 터치한다.

③ 종류

- 납작하고 둥근 U자 형태 : 기본형 입술
- 뾰족한 모양 : 인 커브, 스트레이트형
- 원통 모양 : 둥근 입술, 볼륨 있는 입술산을 그릴 때 용이
- 입술 브러시는 솔 부분이 너무 길지 않고 탄력 있는 제품이 우수

(8) 파운데이션 브러시

① 용도

파운데이션을 부드럽게 펴 바를 때 적합

② 사용 방법

- 브러시 방향을 피부 결대로 바르며, 면적으로 사용
- 마지막 정리 시에는 브러시 면적으로 가볍게 터치
- 납작하고 U자 형태로 부드럽고 모가 벌어지지 않는 것이 우수
- 사용 후에는 반드시 폼 클렌저나 전용 클렌저로 세척해서 보관

(9) 파우더 브러시

① 용도

- 크고 부드러우며 약간의 유분기를 제거할 때 적합
- 신체의 넓은 부위나 웨딩 메이크업 시 데콜테에 파우더를 바르거나 목선을 살려 줄 때 사용
- 남자 메이크업할 때 소량의 유분기 제거 시 사용

② 사용 방법

- 파우더를 소량 묻혀 피부결 방향대로 쓸듯이 사용
- 파우더를 적당량 묻힌 뒤 손목에 힘을 빼고 이마, T존, 볼 순서대로 가볍게 터치

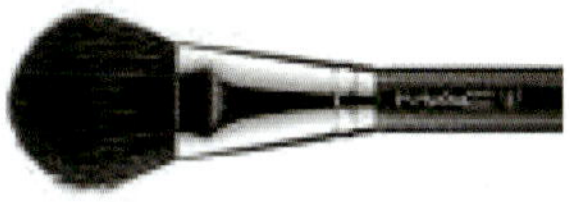

(10) 블러셔 브러시

① 용도

- 볼이나 광대뼈에 윤곽을 살리고 음영을 줄 때 사용
- 볼 중앙에 사랑스러운 이미지를 연출할 때 사용

② 사용 방법

- 광대뼈를 감싸듯이
- 부드러운 이미지 연출 : 원형으로 된 브러시로 둥글리듯이 터치
- 샤프하고 차가운 이미지 연출 : 납작하고 사선 형태의 브러시로 사선방향으로 터치
- 브러시는 부드럽고 숱이 촘촘하게 만들어진 것이 우수

(11) 팬 브러시

① 용도

- 부채꼴 모양으로 되어 있고, 미세한 파우더를 털어 낼 때 사용
- 메이크업 할 때 잔여물을 털어 낼 때

② 사용 방법

- 살짝 눕혀서 피부 결대로 가볍게 쓸 듯이 사용
- 숱이 적은 브러시 : 언더라인의 미세한 섀도우 잔여물을 털어 낼 때 사용
- 풍성하고 큰 브러시 : 얼굴 전체의 파우더 잔여물을 털어 낼 때 사용

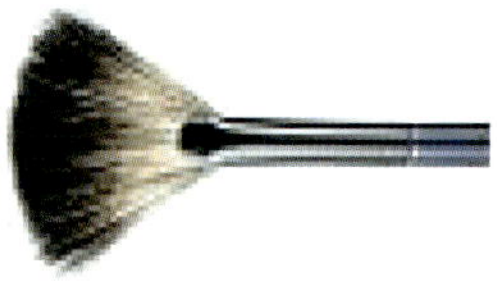

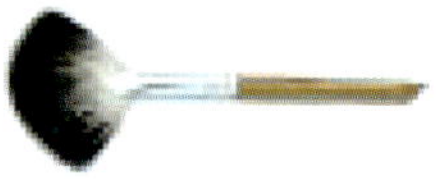

(12) 팁 브러시

① 용도

- 스펀지로 되어 있으며 눈꼬리 포인트를 줄 때 사용
- 눈밑 언더라인, 눈 뼈 하이라이트를 줄 때 사용
- 눈두덩이 아이섀도우 부분에 펄을 바를 때 사용
- 펄이나 글리터, 섀도우의 밀착감을 부여

② 사용 방법

- 펄을 바를 때 팁 브러시에 펄을 묻힌 후 눈두덩이에 누르듯이 사용
- 리필을 갈아 끼울 수 있고, 클렌징제로 세척하여 완전히 건조 후에 사용

(13) 컨실러 브러시

① 용도

- 점이나 여드름, 다크서클 등 미세한 부분을 커버할 때 적합

② 사용 방법

- 소량의 컨실러를 바른 후 브러시를 눕혀 가볍게 두드려 주어 컨실러를 밀착시킴
- 탄력이 있고 폭이 좁고 납작하며 긴 모를 선택
- 사용 후에는 반드시 클렌징티슈나 폼클렌저로 세척 후 완전히 건조된 후에 사용

(14) 뷰러

① 용도

- 속눈썹에 마스카라를 바르기 전에 컬을 만들 때 사용
- 인조 속눈썹을 붙인 후 컬을 만들 때 사용

② 사용 방법

- 속눈썹 뿌리부터 조심스럽게 2~3번 나누어 눌러 주며 컬링을 냄
- 뷰러를 눌러준 상태에서 잡다 당기면 속눈썹이 뽑힐 우려가 있으므로 주의
- 마스카라를 한 후에 뷰러를 사용했을 때에는 고무 부분을 반드시 닦아서 보관

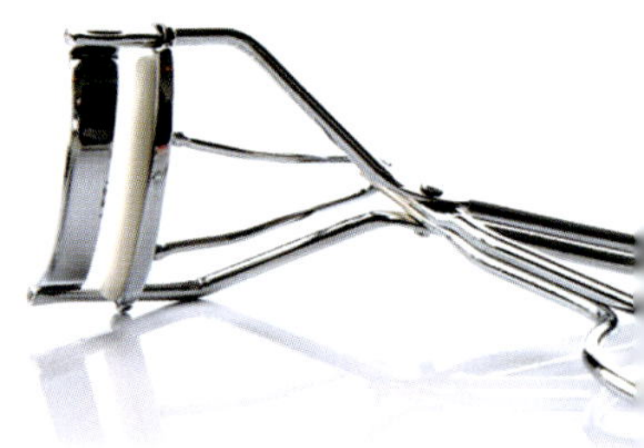

(15) 족집게

① 용도

- 눈썹 제모할 때 사용

② 사용 방법

- 끝이 사선으로 생긴 것 사용
- 눈썹뿌리 부분을 잡고 모의 반대방향으로 잡아당겨 사용
- 사용 후에는 화장수나 알코올로 모공을 수축시켜야 함

(16) 눈썹 칼

① 용도

- 눈썹의 길이나 잔털을 제거할 때 사용

② 사용 방법

- 눈썹 주변의 잔털을 털의 반대방향으로 눈썹 칼로 밀듯이 사용
- 건전지를 끼워 사용하는 진동으로 된 눈썹 칼도 있음

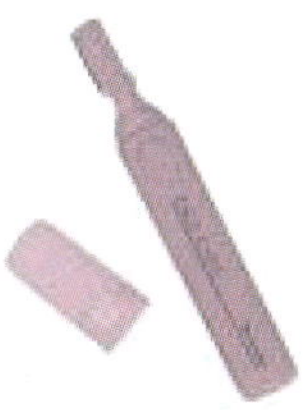  

(17) 눈썹용 가위

① 용도

- 눈썹의 길이나 잔털을 제거할 때 사용
- 눈썹의 숱을 정리할 때 사용

② 사용 방법

- 콤 브러시로 눈썹을 빗은 후 길이를 조절하여 눈썹을 커트
- 얼굴 측면에서 본 후 눈썹이 솟아 나온 부분을 잘라내어 사용

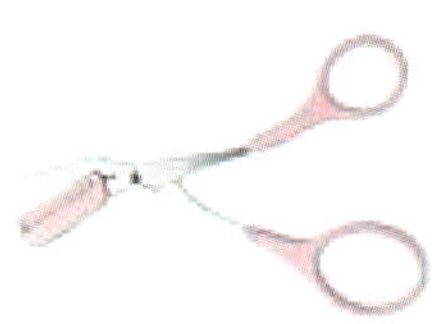
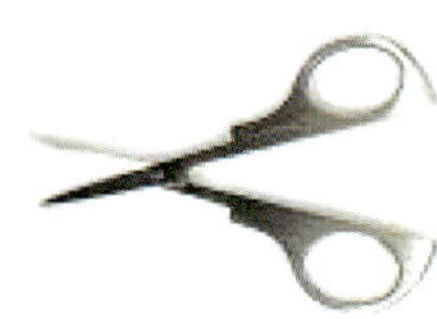

(18) 펜슬깎이

① 용도

- 립펜슬이나 아이브로우 펜슬을 깎는 데 사용

② 사용 방법

- 펜슬을 끼워 힘을 주지 않고 돌려 가면서 깎아서 사용

(19) 팔레트

① 용도

- 다양한 색상의 파운데이션을 담는 데 사용

② 사용 방법

- 파운데이션을 피부톤에 맞추기 위해 스파출라로 던 후 섞어서 사용

(20) 스파출라

① 용도

- 파운데이션을 피부 톤에 맞추어 섞어서 사용할 때
- 립팔레트에서 색상을 덜어서 사용할 때

② 사용 방법

- 제품을 덜어서 팔레트에 섞어서 사용
- 스테인리스로 되어 있고 둥근형의 넓고 얇은 것이 우수

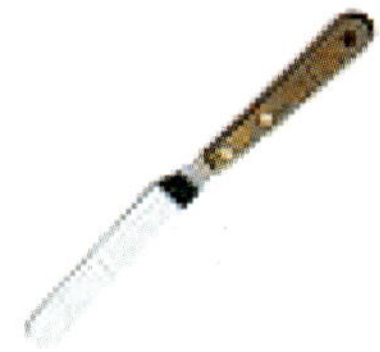

BEAUTY MAKE UP
MASTER 3

PART. 3

기초화장품 사용

1. 기초화장품 선택

1) 피부분석법을 통해 고객의 피부를 진단할 수 있다.

고객의 안정감과 신뢰감을 얻을 수 있는 작업환경과 피부진단을 할 수 있는 청결한 시설이 필요하다.

- 클렌징을 할 수 있는 공간과 시설이어야 한다.
- 충분한 환기가 가능한 공간과 시설이어야 한다.
- 소음을 방지할 수 있는 공간과 시설이어야 한다.

2) 피부타입별 제품을 선택하여 클렌징을 할 수 있다.

- 클렌징 제품의 유형, 성상을 분류 파악하여 피부타입에 맞춰 선택할 수 있어야 한다.
- 포인트 메이크업 클렌징이 선행되어야 한다.
- 클렌징 세안 후 기초메이크업(스킨, 에멀션)을 실시한다.
- 클렌징은 기본적으로 가볍게 닦아내는 방식으로 진행되며, 별도의 클렌징이 필요한 경우 피부타입에 따라 클렌징 오일(건성, 복합성, 중성)이나 클렌징 폼(지성, 지복합성)을 사용하여 실시한다.
- 클렌징 후 상태를 확인하고 화장솜, 면봉 등으로 추가 클렌징을 할 수 있다.
- 클렌징 제품은 메이크업 트렌드에 따라 달라질 수 있다.

3) 피부유형에 따라 기초 화장품의 제형을 선택할 수 있다.

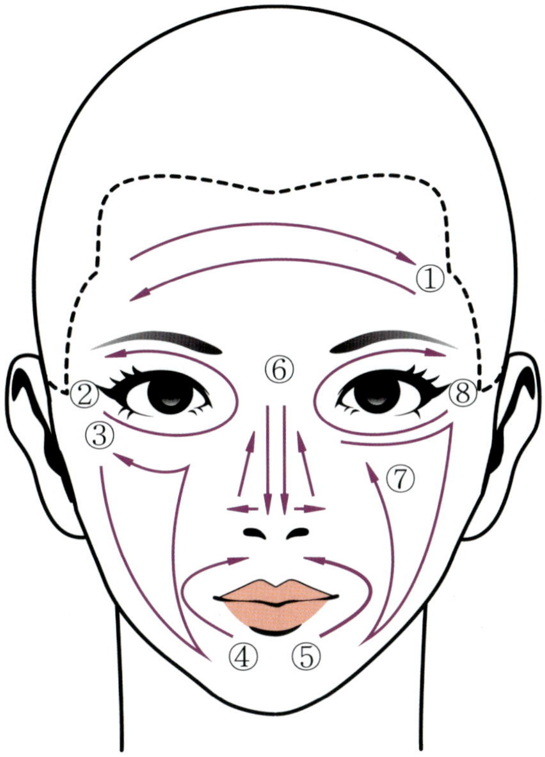

클렌징 방법

클렌징의 종류에 따른 특징

- 포인트 메이크업 리무버 : 눈물의 pH(7.5)와 유사해 자극이 없다.
- 클렌징 크림 : 친유성 계면활성제, 유분이 많아 지성피부는 가급적 피한다.
- 클렌징 밀크
- 클렌징 오일 : 친수성 계면활성제, 건성, 노화피부에 효과적이다.
- 클렌징 젤 : 지성, 예민, 여드름 피부에 적합하다.
- 클렌징 워터
- 클렌징 폼
- 비누 : 알카리성, 과도한 피지 제거로 건조 현상이 일어날 수 있다.

2. 기초화장품 사용

1) 기초화장품을 바르는 순서를 선택할 수 있다.

- 기초화장품은 일반적으로 스킨(토너), 에멀션(로션), 아이크림, 에센스, 크림(수분크림, 영양크림) 등의 순서로 사용되고, 점도에 따라서 진행되며, 피부 타입에 따라 바르는 제품의 제형, 순서는 바뀔 수 있다.
- 기초제품 사용은 특히, 계절에 따라 달라질 수 있다.

스킨(토너)의 기능과 종류

기능	종류
• 전 단계의 잔여물 제거로 청결작용 • 각질층의 보습 및 수분공급 • 피부의 pH 밸런스 유지 • 수렴작용, 진정작용	• 유연화장수: 알코올 함량(10% 이내) • 수렴화장수: 약 20% 정도

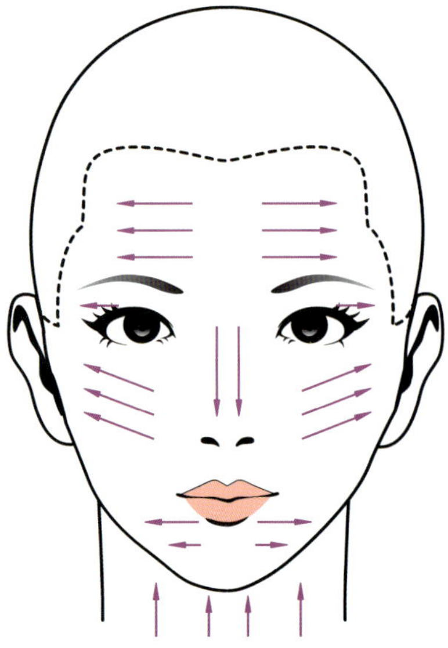

스킨(토너) 바르는 방향

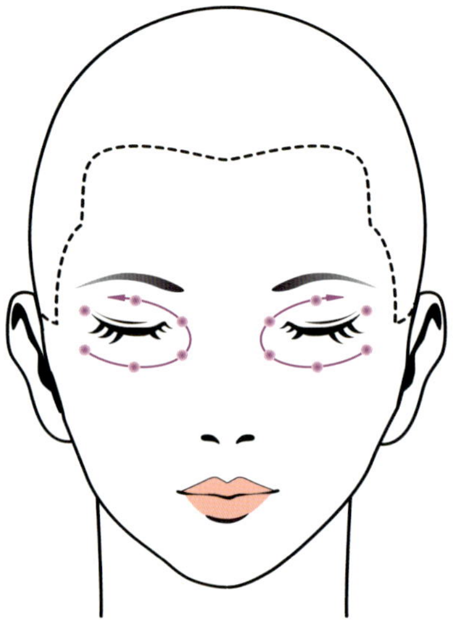

아이크림 바르는 방향

2) 피부의 일시적인 이상, 트러블에 대해 조치를 취할 수 있다.

- 기초제품이 피부에 흡수되지 못하거나 급작스러운 알레르기 반응 등을 보일 때는 손이나 기계 등을 사용하여 피부의 온도를 높이거나 낮춰서 피부온도와 밸런스를 맞춰주며, 이때 냉팩, 그린 티 팩 등으로 얼굴을 진정시킬 수 있다.

BEAUTY MAKE UP
MASTER 3

PART. 4

베이스 메이크업

1. 피부 표현

- 얼굴의 피부색 및 피부 톤에 따른 베이스 제품을 구분할 수 있다.
- 베이스 제품의 질감, 발림, 밀착성 등을 고려하여 제품을 선택할 수 있다.
- 베이스 제품의 특성에 따른 표현 도구를 사용할 수 있다.
- 피부상태는 개인, 계절, 건강 상태 등에 따라 다르며, 전체 메이크업에 약 50% 이상을 차지하므로 피부색에 맞는 색상 선택이 중요하다.
- 바르는 순서는 일반적으로 메이크업베이스(또는 프라이머)→ 파운데이션→ 컨실러 → 파우더순이다.

1) 메이크업베이스

① 기능

안색 도모, 피부 톤과 결 정리, 파운데이션의 지속력 · 밀착감 · 퍼짐성을 높여줌

② 색상별 분류

색 상	피부 톤
	붉은 피부나 여드름 피부
	기미, 주근깨 피부
	칙칙한 피부를 화사하게
	창백한 피부나 혈색 없는 피부
	검은 피부를 노르스름하게 중화
	선탠 피부
	피부를 투명하고 밝게

③ 형태별 분류

- 리퀴드 타입 : 지성피부
- 크림 타입 : 건성피부
- 젤 타입 : 땀이나 피지분비가 많은 여름철에 사용
- 에센스 타입 : 건조해지기 쉬운 피부에 보습성분을 부여

1

〈입큰〉
마이 플래쉬 크림

2

〈숨〉
37도 에어라이징 티에프
대즐링 베이스

3

〈맥〉
스트롭 크림

2) 프라이머

① 기능

- 실크같이 부드럽고 매끈한 피부 결 형성
- 모공과 요철, 잔주름을 깔끔하게 메꿔 주어 다음 단계 화장의 피부 밀착력을 높여줌
- 지성피부의 경우 T존 부위에 프라이머를 발라주면 유분과 피지로 인해 번들거림 없는 보송한 피부 표현 가능
- 제품의 사용량은 소량으로 얇게 펴 발라주어야 밀리지 않음

1

〈더페이스샵〉
페이스 잇
벨벳 스킨 프라이머

2

〈이니스프리〉
이니스프리 노세범
미네랄 프라이머

3

〈베네피트〉
더 포어페셔널 프라이머

3) 파운데이션

① 기능

자외선, 온도 변화, 공해, 먼지 등으로부터 피부 보호, 얼굴 윤곽 수정, 입체감 있게 표현

② 종류

- 리퀴드 : 수분이 많고 커버력이 약하고 여름철에 사용하며 지성피부에 적합
- 크림 : 커버력이 좋아 중년 여성의 건성피부에 적합
- 트윈 케익 : 파운데이션과 파우더를 합쳐 놓은 것으로 커버력이 우수함
- 스틱 : 지속력, 커버력 우수, TV, 영화, 광고, 무대분장에 사용

1

〈베네피트〉
플레이스틱

2

〈시세이도〉
마끼아쥬 래스팅
스틱 파운데이션

3

〈바비브라운〉
파운데이션 스틱

스틱 파운데이션

1

〈이니스프리〉
미네랄 모이스처 파운데이션
SPF17 PA+

2

〈RMK〉
리퀴드 파운데이션 01호

3

〈조르지오아르마니〉
래스팅 실크 UV 파운데이션
SPF20

리퀴드 파운데이션

4) 컨실러

① 기능

잡티를 가려주어 깨끗하고 매끈한 피부 표현, 기미나 주근깨 · 다크써클 · 뾰루지를 가려준다.

② 종류

- 스틱 : 매트하고 뻑뻑한 질감으로 커버력은 우수, 발림성이 좋지 않은 단점이 있음
- 펜슬 : 사용이 간편하고, 입술 교정이나 문신, 여드름 자국에 좋음
- 케익 : 커버력이 가장 확실하며, 매트해서 잘 펴 바르는 것이 중요함
- 리퀴드 : 가장 무난히 사용하며, 커버력은 다소 떨어짐

1

〈더페이스샵〉
페이스앤잇 레디언스
컨실러 듀얼베일

2

〈로라메르시에〉
시크릿 카뮤플라지

3

〈크리니크〉
안티 블레미쉬 솔루션즈
클리어링 컨실러

컨실러

1

〈슈에무라〉
커버 크레용

2

〈꾸어셀〉
컨실러 펜슬 CC

3

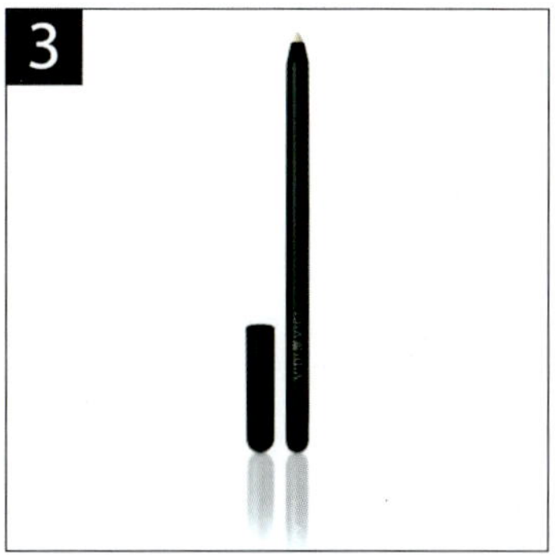

〈비디비치〉
퍼펙트 페이스 올 오버
컨실러 펜슬

펜슬타입

5) 파우더

① 기능

유분기 제거, 피부색 화사하게 표현, 파운데이션의 지속성 유지, 피지 흡수

② 종류

- 프레스트 파우더 : 콤팩트 용기에 들어 있어 편리하게 사용
- 루스 파우더 : 가루 날림이 있으나 가장 내추럴하게 피부를 표현
- 하이라이트 파우더 : 메이크업 마무리 단계에서 사용
- 쉐딩 파우더 : 윤곽정리 시 다크브라운 컬러로 음영감 부여

색 상	피부 톤
	붉은 기를 없애는 데 효과적
	신비롭고 쿨한 피부 톤 연출
	창백한 피부를 화사하게 표현
	붉은 기 많은 여드름 피부
	혈색이 도는 피부로 표현
	유분기 제거

1

〈크리스찬 디올〉
디올스킨 포에버 컴팩트
파운데이션

2

〈바비브라운〉
쉬어 피니시
프레스트 파우더

3

〈로라메르시에〉
미네랄 프레스트 파우더

프레스트 파우더

1

〈로트리〉
로사 다브레카 루스 파우더

2

〈토니모리〉
루미너스 퍼퓸 페이스 파우더

3

〈안나수이〉
프로텍티브 루스 파우더

루스 파우더

2. 얼굴윤곽 수정

- 얼굴 피부 유형, 피부 톤 상태에 따른 윤곽 수정 제품을 사용할 수 있다.
- 피부의 추가적인 결점 보완을 위한 제품을 선택할 수 있다.

1) 이상적인 얼굴형

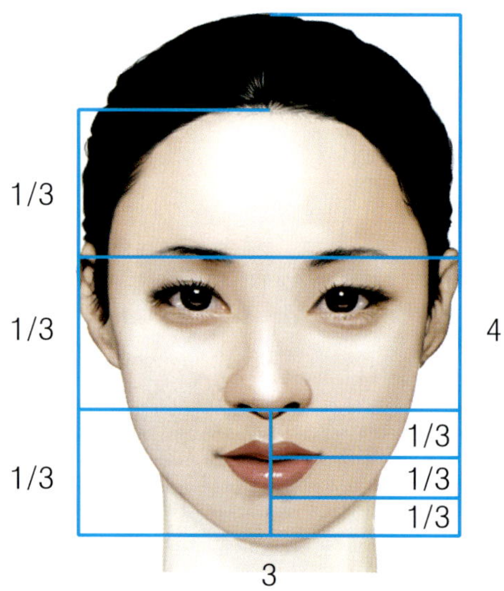

얼굴의 가로분할(3등분)

- 헤어라인~눈썹라인
- 눈썹라인~콧방울
- 콧방울~턱선

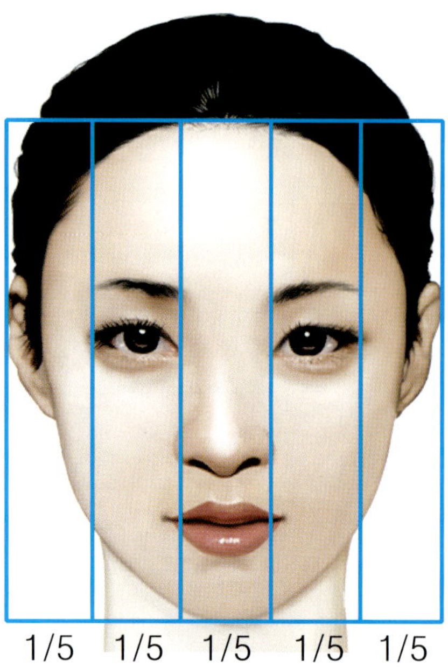

얼굴의 세로분할(5등분)

- 오른쪽 헤어라인~오른쪽 눈꼬리
- 오른쪽 눈꼬리~오른쪽 눈앞머리
- 오른쪽 눈앞머리~왼쪽 눈앞머리
- 왼쪽 눈앞머리~왼쪽 눈꼬리
- 왼쪽 눈꼬리~왼쪽 헤어라인

2) 얼굴 부위 명칭

관자놀이
눈썹뼈
눈썹꼬리
아이홀
눈꼬리
점막
애교살
코벽
광대
콧볼
인중
구각
입꼬리
턱밑각
입술센터
턱선라인
턱 포인트 존

3) 하이라이트

① 기능

얼굴에 밝게 표현하여 입체감을 부여하고 윤곽을 살려주는 효과

② 종류

- 크림 타입 : 손끝의 온도로 살짝 녹여 사용, 건조한 피부에 적합
- 파우더 타입 : 가장 일반적으로 사용
- 리퀴드 타입 : 베이스 제품들과 믹스해서 사용할 수 있는 장점, 건조한 피부에 적합

③ 위치

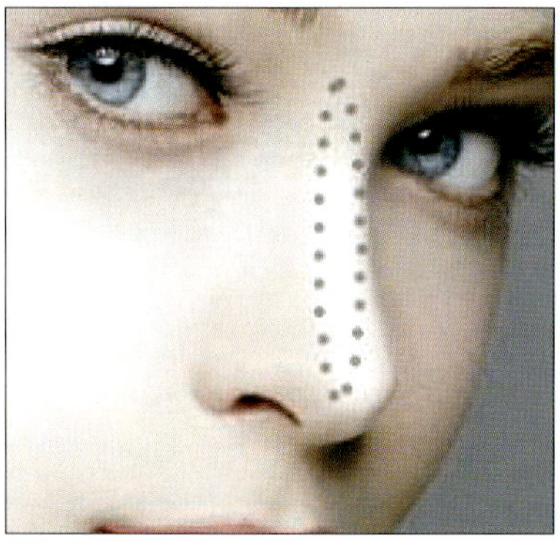
콧날선

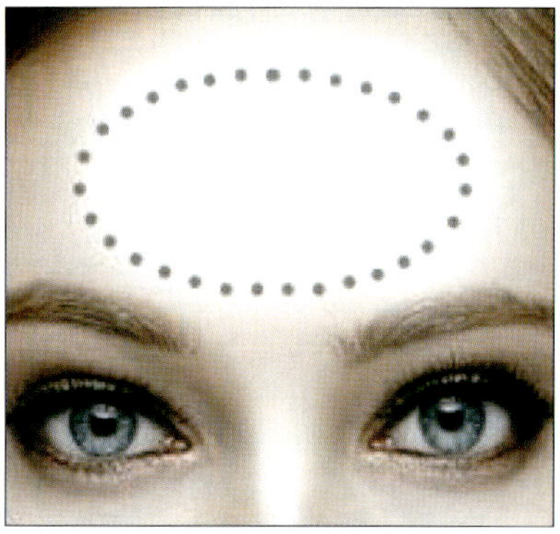
이마 중앙

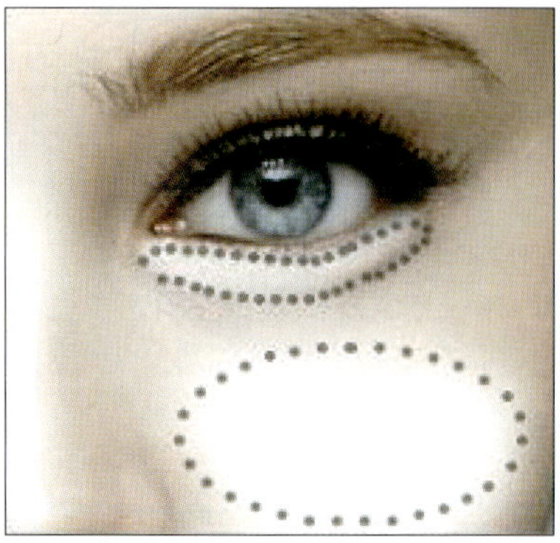
눈밑과 애교살

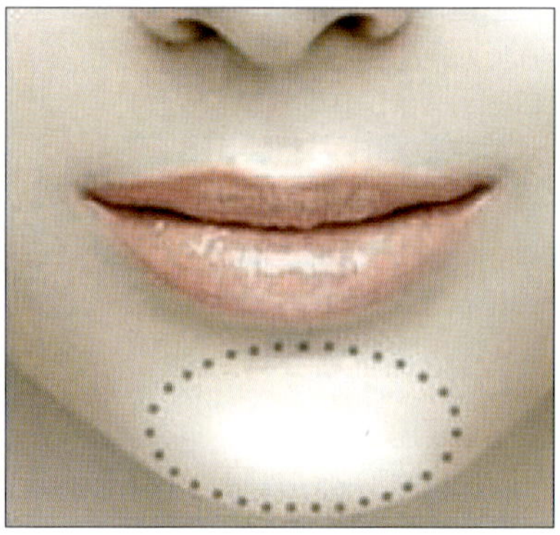
턱 중앙

형 태	긴형	둥근형	각진형	역삼각형
이미지			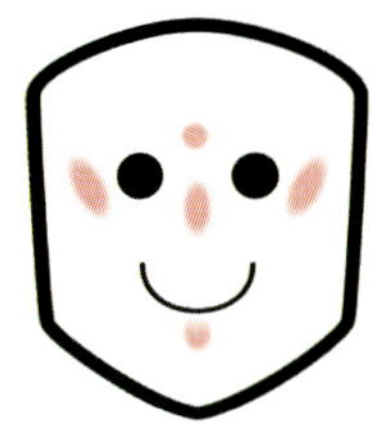	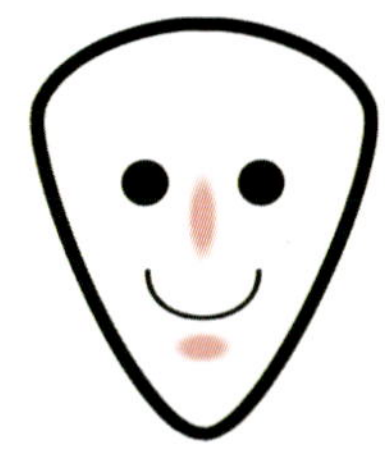
	눈 주변을 위주로 터치	전체적으로 세로 방향으로 터치	얼굴 중앙부분 위주로 터치	전체적으로 둥글게 터치

1

〈바닐라코〉
더 시크릿 마블링 하이라이터

2

〈이니스프리〉
로즈 마블링 브라이터

3

〈쓰리컨셉아이즈〉
by 스타일난다 하이라이터

크림 타입

4) 쉐딩

① 기능

얼굴에 음영을 주어 축소되어 보이게 하고 입체감 부여

② 얼굴형에 따른 쉐딩 위치

형 태	긴형	둥근형	각진형	역삼각형
이미지				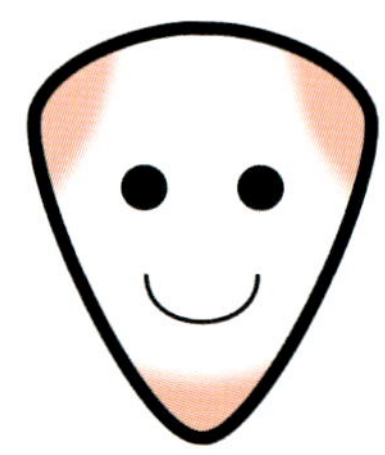
	얼굴 위, 아래 터치	볼 옆 부분을 길고 넓게 터치	턱, 헤어라인과 광대부분 터치	얼굴 위쪽과 턱부분 터치

〈토니모리〉 크리스탈 블러셔 7호 브론징 브라운

〈비디비치〉 스몰페이스 – 11토프

〈케빈어코인〉 스컬프팅 파우더

파우더 타입

BEAUTY MAKE UP
MASTER 3

PART. 5
색조 메이크업

1. 아이브로우 메이크업(눈썹)

눈썹은 형태, 길이, 굵기, 색상 등에 따라서 이미지를 좌우한다.

- 눈썹 형태, 얼굴형, 디자인 등에 따른 아이브로우 이미지를 구분할 수 있다.
- 얼굴 형태, 메이크업 디자인을 위한 눈썹을 정리할 수 있다.
- 아이브로우 이미지 표현을 위해 색상, 형태 등을 수정 · 보완할 수 있다.
- 메이크업 디자인, 스타일 등에 따른 아이브로우를 표현할 수 있다.

① 기능

얼굴의 전체 이미지 결정, 얼굴형이나 눈매 보완

② 위치와 명칭

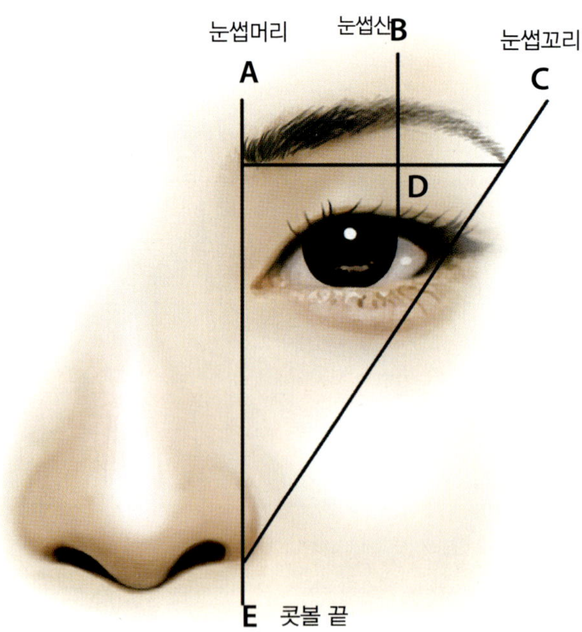

③ 눈썹 정리하는 방법

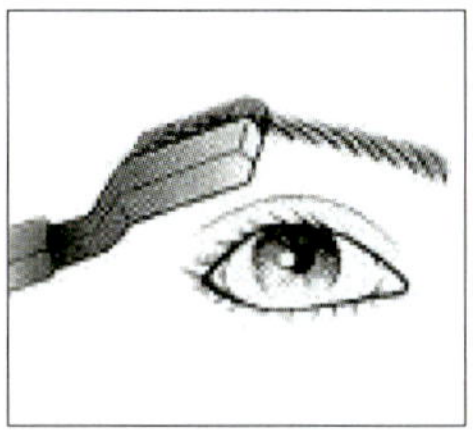
결 정리

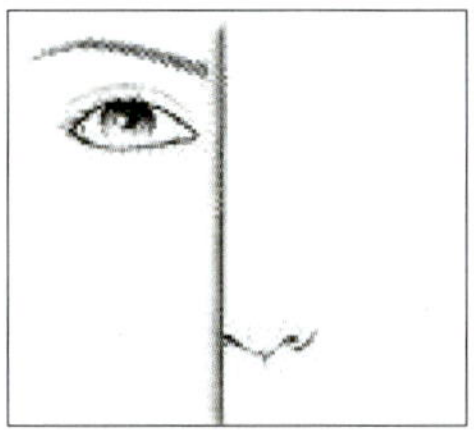
시작점

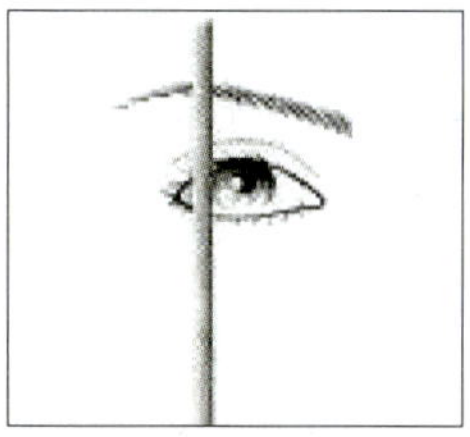
산 위치

꼬리 위치

잔털 정리

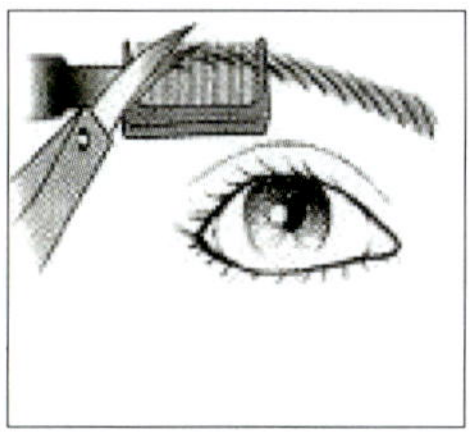
긴털 정리

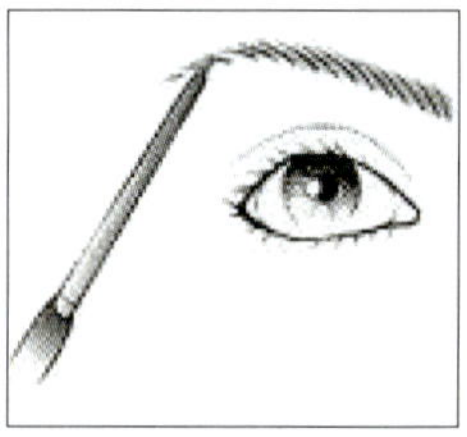
그리기

④ 눈썹 형태별 분류 이미지

형 태	아치형	각진형	상승형	일자형
이미지				
	우아하고 여성스러운 느낌	지적이고 단정하며 세련된 느낌	젊고 활동적인 느낌	자연스러운 형태로 어려보이는 느낌

⑤ 얼굴 형태별 분류 이미지

형 태	역삼각형	긴형	둥근형	각진형
이미지	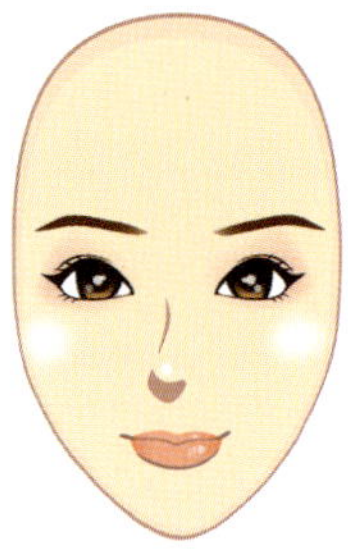	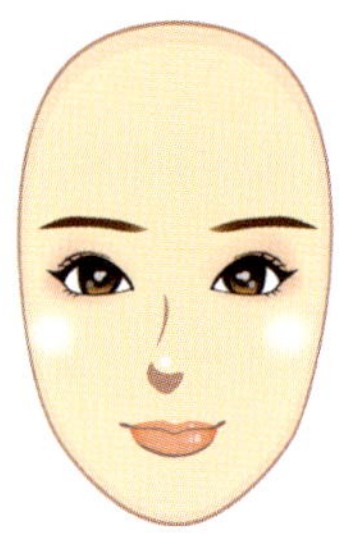	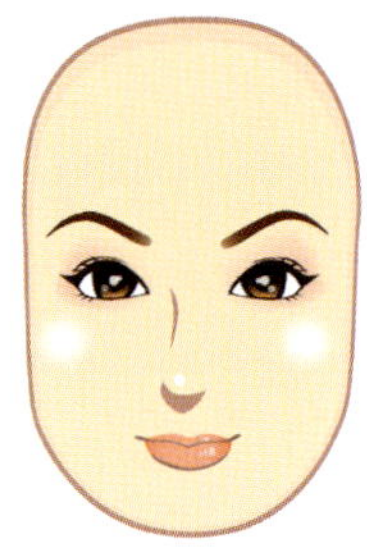	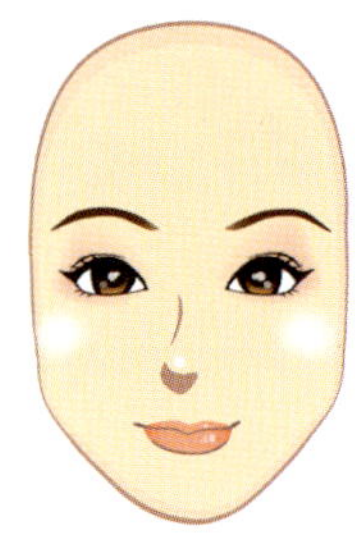
	기본형	일자형	세미 각진형 또는 기본형	세미 아치형 또는 둥근형

1

〈안나수이〉
아이브로우 컴팩트

2

〈라네즈〉
브로우 셰이핑 키트

3

〈미니모토 코스메틱〉
펄 프레셔스 MC파우더 아이브로우

아이브로우 키트

2) 눈썹(Eyebrow) 메이크업 실습

① 아치형

② 각진형

③ 상승형

④ 일자형

2. 아이 메이크업(눈화장)

- 재료의 특성에 따른 질감, 발색, 밀착성, 발림성 등을 구분 · 선택할 수 있다.
- 눈의 형태, 결점 보완을 위한 아이섀도우를 사용할 수 있다.
- 메이크업 디자인에 적합한 눈매를 표현할 수 있다.
- 눈의 형태, 눈동자, 모발 및 눈썹 등을 고려하여 아이라인을 표현할 수 있다.
- 속눈썹 상태, 메이크업 디자인에 적합한 마스카라 제품을 사용할 수 있다.

① 기능

눈 화장은 눈매를 수정하고, 다양한 컬러 사용과 음영을 주어 입체감과 분위기를 연출할 수 있다.

② 눈의 각 명칭

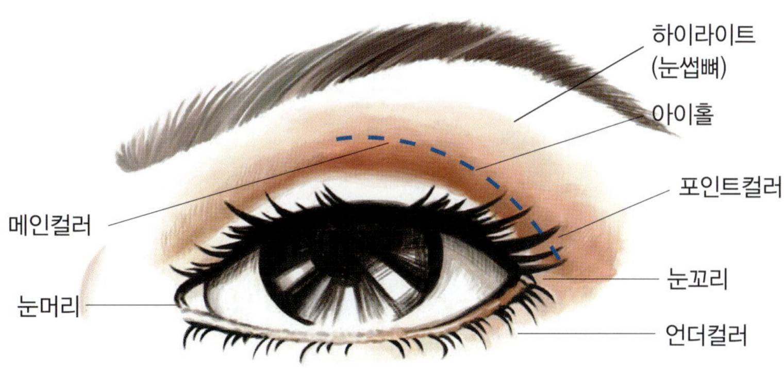

1) 아이섀도우

① 기본 패턴

- 베이스 컬러(1차색) : 눈두덩 전체에 도포(유분기 제거, 발색력을 높여줌)
- 메인 컬러(2차색) : 뚜렷하게 보이고 싶은 부위에 사용하며, 눈동자 중앙 위치까지 사용
- 포인트 컬러(3차색) : 쌍꺼풀 부위와 언더 섀도우 부분에 도포

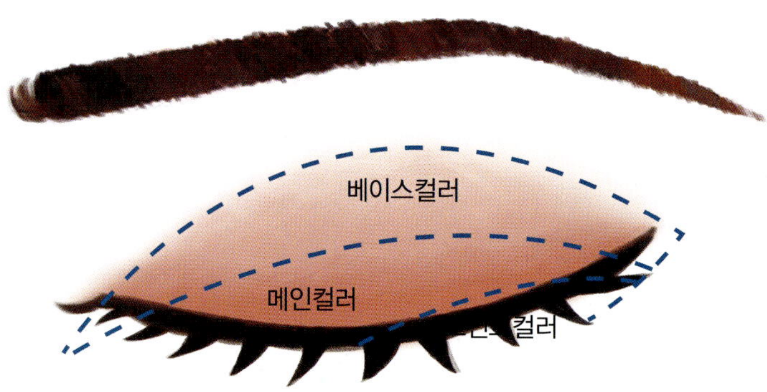

② 색상 선택

의상색, 계절, T.P.O, 선호색, 유행색, 눈의 형태 등을 고려하여 선택

③ 종류

- 파우더 타입 : 가장 대중적이지만, 발색력이 떨어지고 가루날림이 있음
- 스틱 타입 : 사용하기 편리하고, 발색력이 우수
- 크림 타입 : 발색력이 좋으나 유분감으로 쌍꺼풀 라인에 자국이 생길 우려가 있음

④ 아이섀도우 기법

기 법	이미지		
프레임 기법	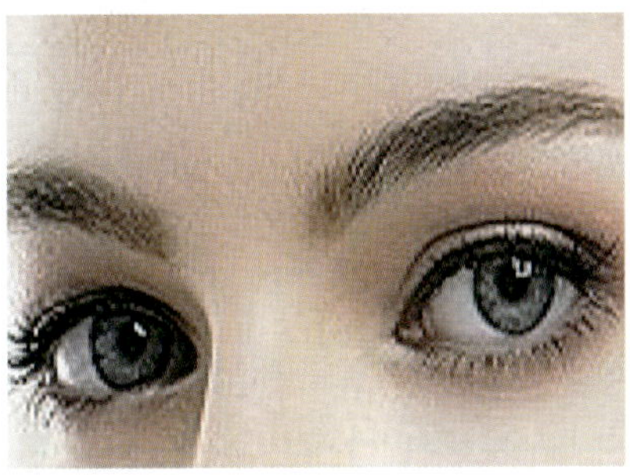	세로	
		가로	
닫힌 홀			
열린 홀			

⑤ 눈 형태에 따른 섀도우 기법

형 태	작은 눈	눈두덩이 수북한 눈	아래로 처진 눈	위로 올라간 눈	양미간 좁은 눈	양미간 넓은 눈
이미지						
방법	위쪽 라인을 굵게 그린다.	꼬리부분만 다소 두껍게 그리고, 펄이나 붉은 색상은 피한다.	포인트를 상향으로하고 언더는 생략한다.	위, 아래 라인을 수평으로 그린다.	포인트를 꼬리쪽 위, 아래로 준다.	포인트를 앞머리쪽에 둔다.

1

〈바비브라운〉
아이섀도우 – 토스트14

2

〈맥〉
아이섀도우 – 소바

3

〈클리오〉
프로 싱글 섀도우 – M43 우드

케익 타입

1

〈미샤〉
더 스타일 모노터치 섀도
CBE01

2

〈쓰리컨셉아이즈〉
글램 크림 섀도 스팟라이트

3

〈베네피트〉
크리즈리스 섀도 / 라이너
태틀테일-버터크림

크림 타입

1

〈메이크업포에버〉
아쿠아 섀도우 NO.22

2

〈RMK〉
크레용 앤 파우더 아이즈

3

〈이니스프리〉
섀도우 펜슬
2호 부드러운 밀크티

스틱 타입

2) 아이(Eyes Shadow) 메이크업 실습

① 프레임 기법

- 세로기법

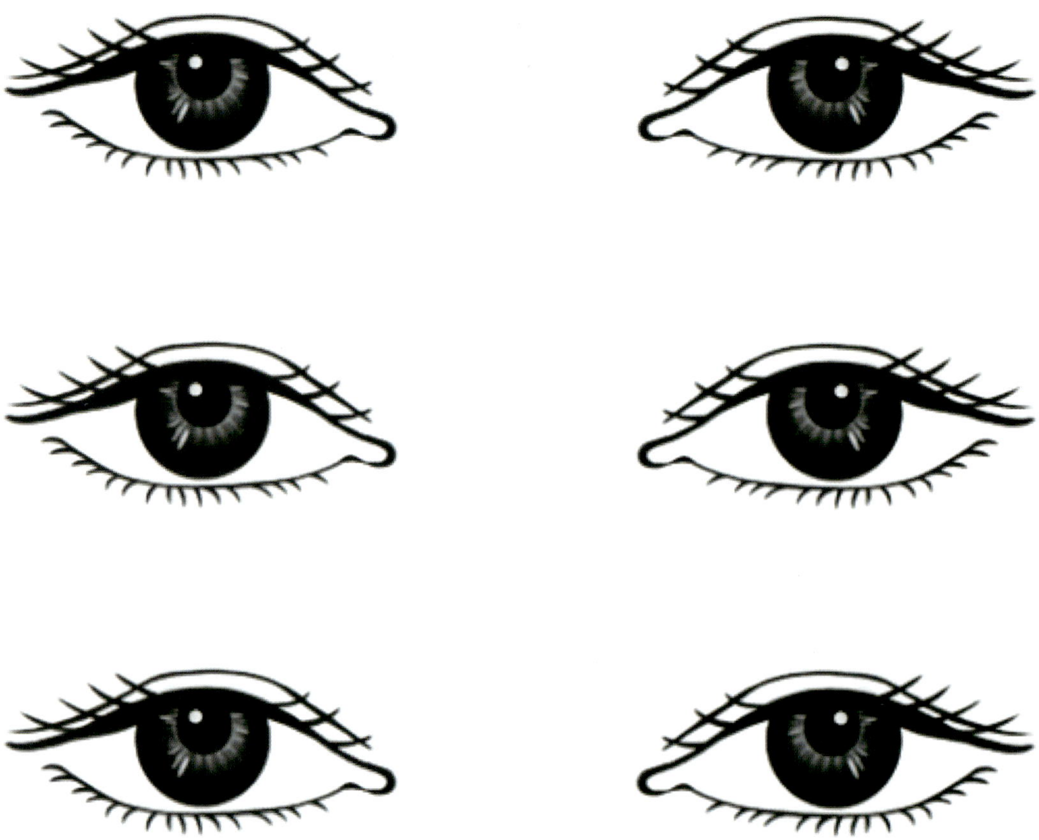

- 가로기법

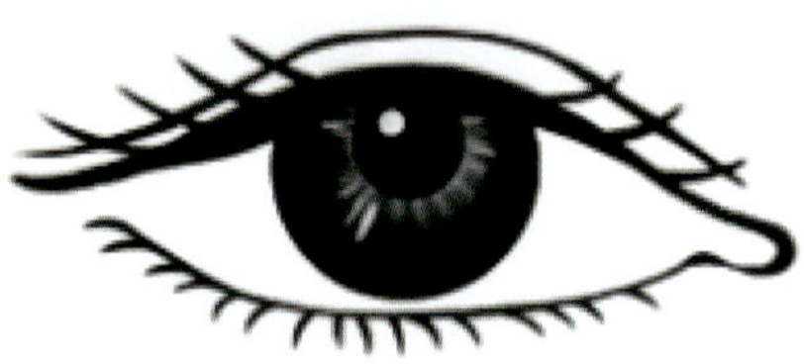

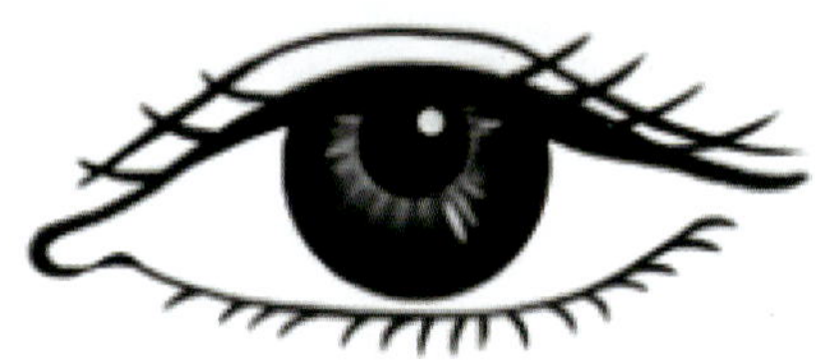

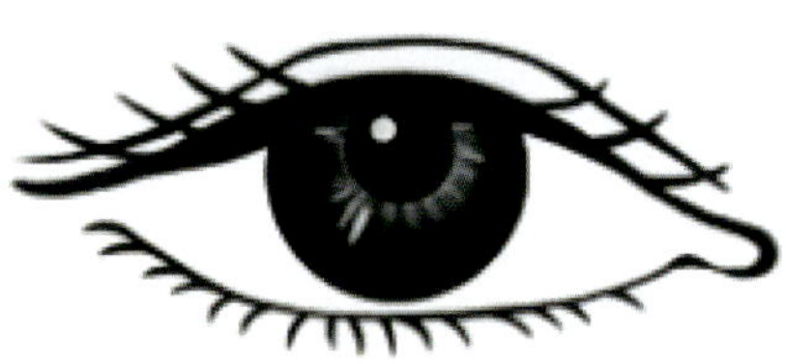

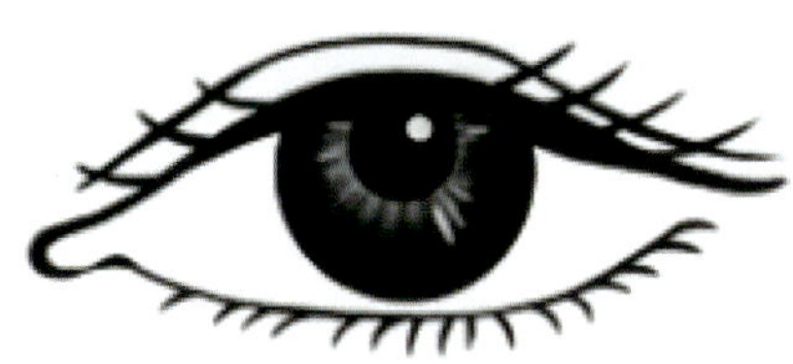

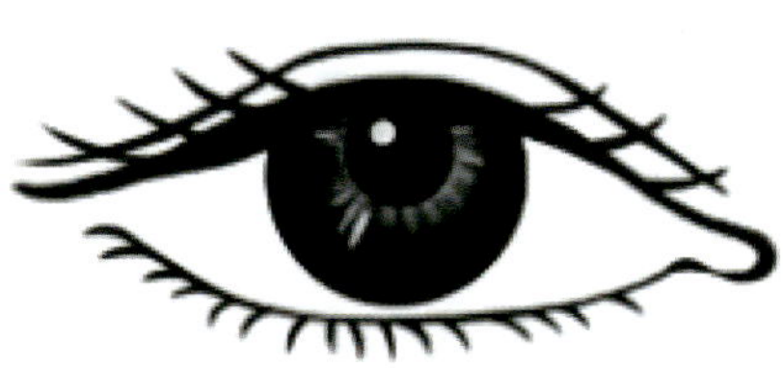

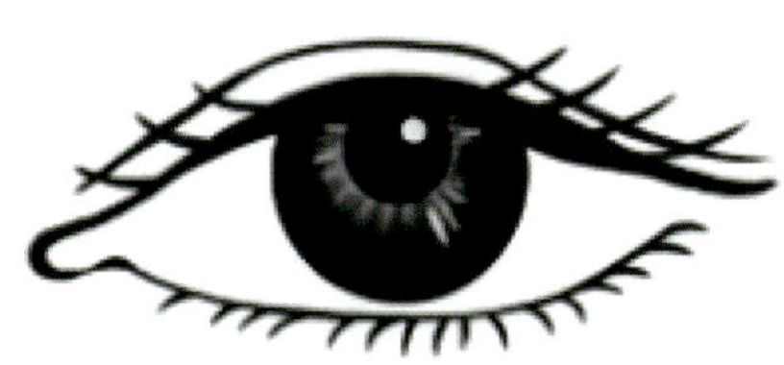

② 닫힌 홀

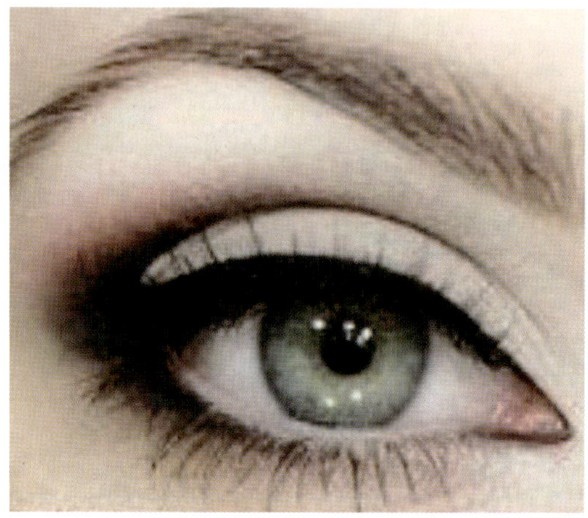

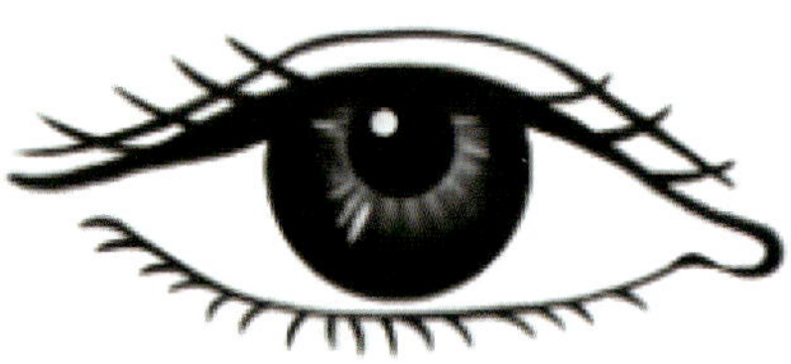

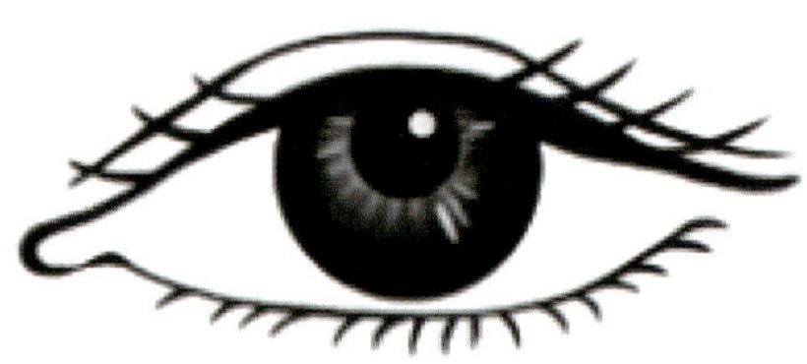

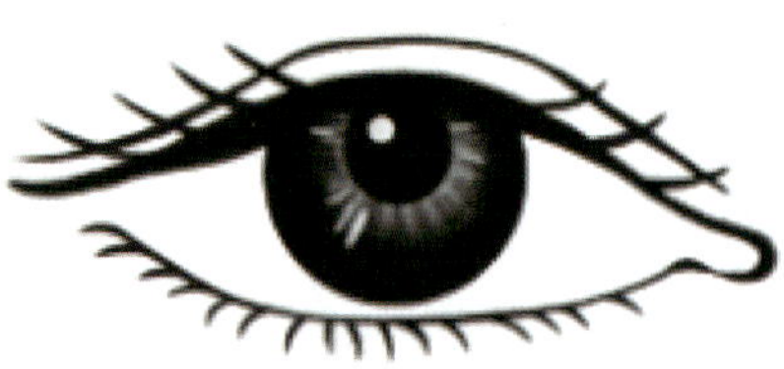

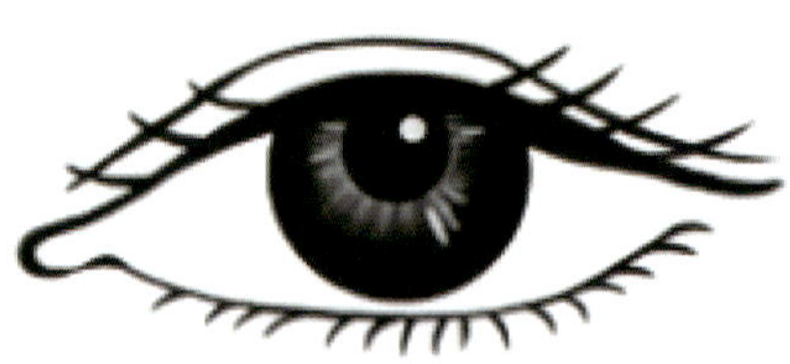

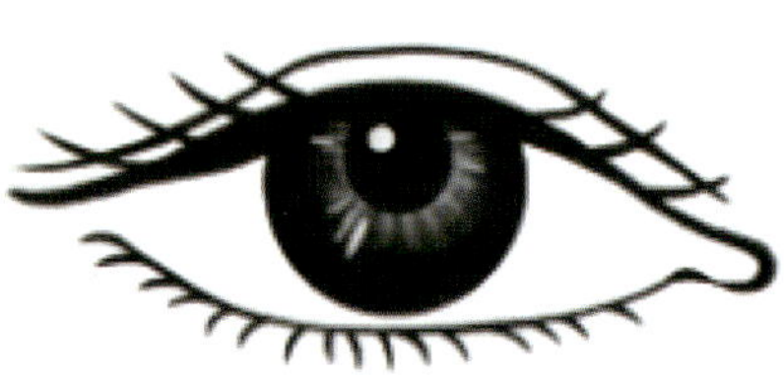

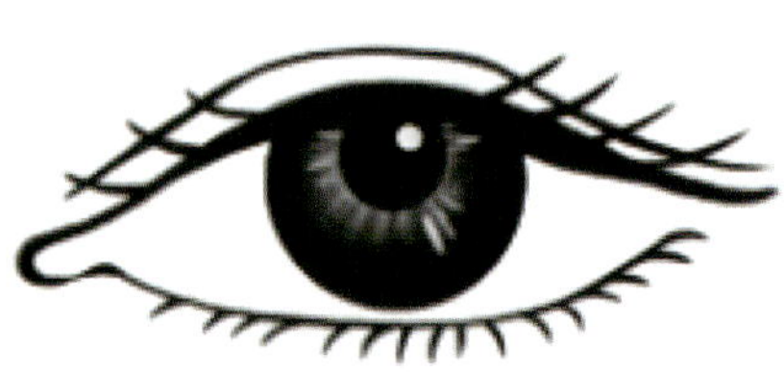

③ 열린 홀

3) 아이라이너

① 기능

눈매를 선명하게 하고, 눈의 모양을 수정

② 방법

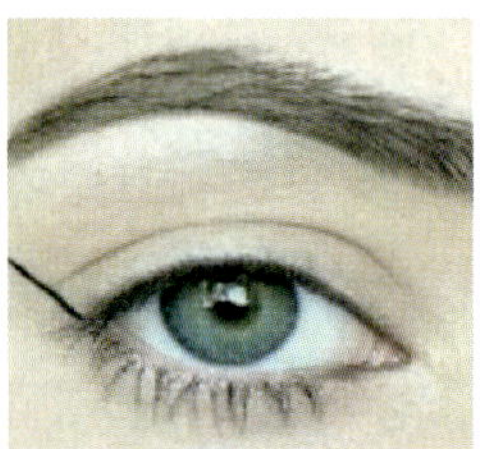	
라인 길이를 결정하여 시작점을 표시한다.	원하는 라인 두께의 모양을 잡는다.
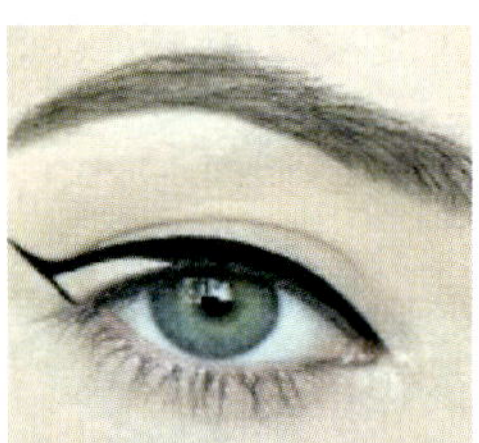	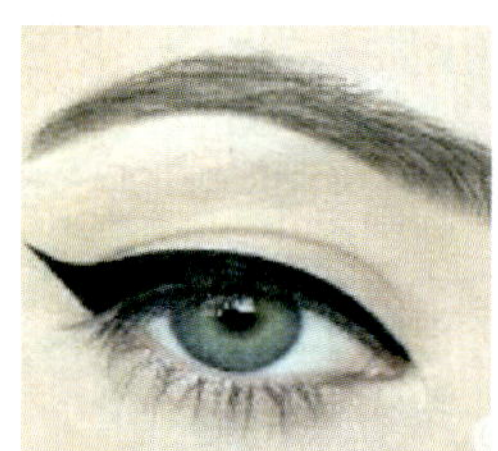
꼬리부터 점막을 메꾸며 그린다.	꼬리 → 중앙 → 앞머리순으로 마무리한다.

③ 종류

- 펜슬 타입 : 자연스러운 표현이 가능하나 쉽게 번짐
- 리퀴드 타입 : 번짐이 없고 지속력이 좋으나 광택감이 있음
- 케익 타입 : 물이나 스킨을 섞어 사용하는 번거로움이 있음
- 붓펜 타입 : 광택감 없이 자연스럽게 그려짐
- 젤 타입 : 번짐이 없고 지속력이 우수하며 자연스럽게 표현 가능

〈스틸라〉
스머지 스틱 워터 프루프
아이라이너

〈나스〉
라저 댄 라이프 롱 웨어
아이라이너

〈바닐라코〉
스타일 아이라이너
딥브라운

펜슬 타입

〈아르데코〉
리퀴드 스타라이너 NO.32

〈홀리카홀리카〉
쥬얼라이트 워터프루프 리
퀴드 아이라이너
(4호 퍼플 애머시스트)

〈메이크업포에버〉
아쿠아 라이너 NO.8

붓펜 타입

4) 마스카라

① 기능

속눈썹을 풍성하게 돋보이게 하고 눈을 선명하고 또렷하게 보이기 위한 효과

② 종류

- 볼륨 마스카라 : 빈약한 속눈썹을 풍성하게 연출
- 롱래쉬 & 컬링 마스카라 : 풍성함은 덜하지만 길어 보이는 효과
- 워터 프루프 마스카라 : 수분과 유지력 강함
- 컬러 마스카라 : 개성 있는 속눈썹 연출

〈키스미〉
히로인 롱앤컬 마스카라

〈시세이도〉
마조리카 마조르카 래쉬 킹
마스카라

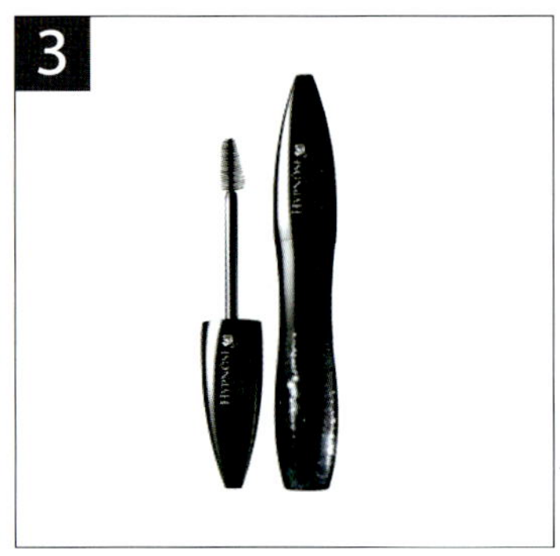

〈랑콤〉
이프노즈 스타 워터프루프
울트라 글램 볼륨
마스카라

워터 프루프 마스카라

5) 속눈썹

① 기능

눈매를 그윽하고 깊이 있게 수정 보완하기 위해 사용

② 붙이는 방법

- 속눈썹을 붙이기 전에 눈매에 맞게 사이즈를 확인한 후 형태를 잡는다.
- 인조속눈썹 뿌리 부분에 눈썹 전용 풀을 꼼꼼하게 바른다.
- 쉽게 떨어지는 것을 방지하기 위해 잠시 건조시간을 준다.
- 아이라인을 그려 놓은 위치에 인조속눈썹을 붙인 후 약간의 힘을 주며 위로 밀어준다.
- 인조속눈썹과 모델의 속눈썹이 벌어지지 않게 뷰러나 마스카라로 붙여 마무리한다.

③ 종류

- 통 속눈썹 : 사용이 편리하고 풍성한 속눈썹 연출이 가능
- 낱개 속눈썹 : 양 조절과 자연스러운 속눈썹 연출이 가능하나 통 속눈썹에 비해 시간이 다소 소요

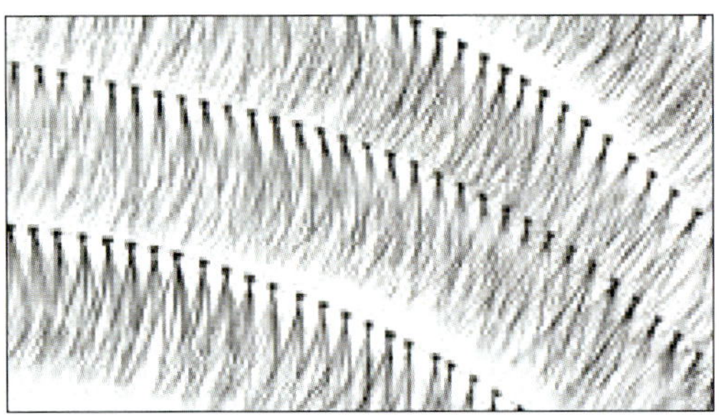

낱개 속눈썹

통 속눈썹

1

〈키스미〉
히로인 아이래쉬 세럼

2

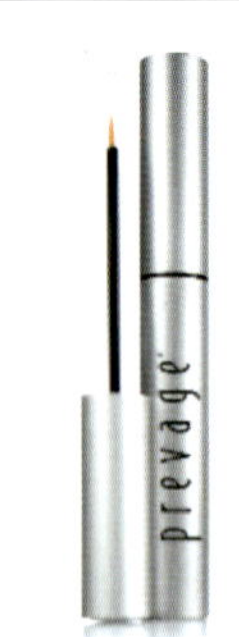

〈엘리자베스아덴〉
프리베이지 어드밴스드 래쉬 +
브라우 인핸싱 세럼

3

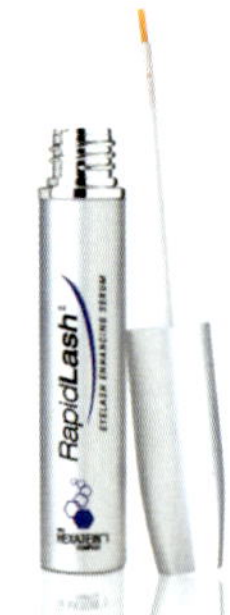

〈프로막실〉
래피드래쉬 속눈썹 연장 세럼

속눈썹 영양제

3. 립 & 치크(블러셔)

- 입술 형태에 따른 립 메이크업을 디자인 할 수 있다.
- 입술 형태, 상태에 따른 립 메이크업 제품을 선택할 수 있다.
- 입술 형태에 따른 립 메이크업을 수정 보완할 수 있다.
- 얼굴 형태, 피부 톤, 메이크업 디자인에 따른 치크 메이크업을 디자인할 수 있다.

1) 입술

① 기능

- 색상에 따라 다양한 이미지 연출과 입술 형태의 수정효과
- 자외선과 외부자극으로부터 보호
- 건강한 혈색

② 분류

- 립스틱, 립글로스, 립라이너, 립밤, 립크레용, 틴트 등

③ 부위별 명칭

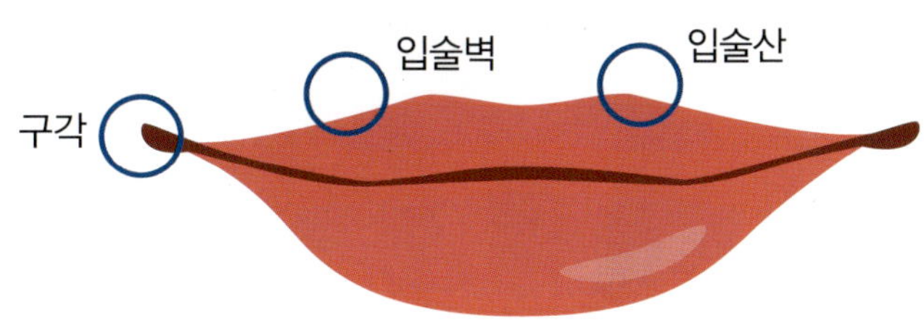

④ 입술 커브에 따른 이미지

- 아웃 커브 : 매력적, 세련되고 섹시한 이미지
- 직선 커브 : 활동적, 지적인 이미지
- 인 커브 : 부드럽고, 차가운 이미지

마를린 먼로
(아웃 커브)

그레타가르보
(직선 커브)

릴리안다이애나 기시
(인 커브)

⑤ 컬러별 이미지

컬 러	이미지
	귀엽고 여성스러운 이미지
	활동적이고 발랄한 이미지
	우아하고 차분한 이미지
	세련되며 섹시한 이미지

⑥ 피부색에 따른 립스틱 색상 선택

- 흰 피부 : 분홍이나 보라 계열
- 희고 붉은 피부 : 자주 계열
- 노르스름한 피부 : 주홍 계열
- 짙은 황갈색 피부 : 브라운 계열

⑦ 입술 형태별 테크닉

형 태	얇은 입술	두꺼운 입술
방 법		
	위, 아래 곡선으로 약간 늘려서 수정	실제 입술선 보다 작게 수정
	처진 입술	**작은 입술**

	아랫입술의 꼬리를 덧그려 수정	양 구각을 늘려 수정

1

〈이니스프리〉
에코 에센셜 립스틱 4호
봄꽃핑크

2

〈코리아나〉
글램3 익스트림 소프트 립스틱

3

〈크리스찬 디올〉
어딕트 익스트림 립스틱
479 홀리데이

핑크색 립스틱

2) 입술(Lip) 메이크업 실습

① 아웃커브(Out Curve)

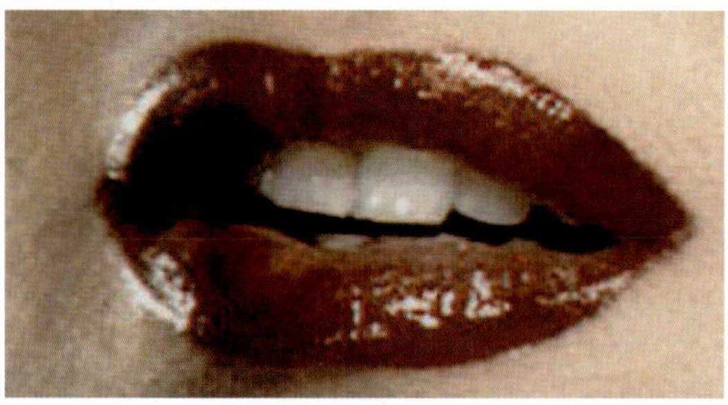
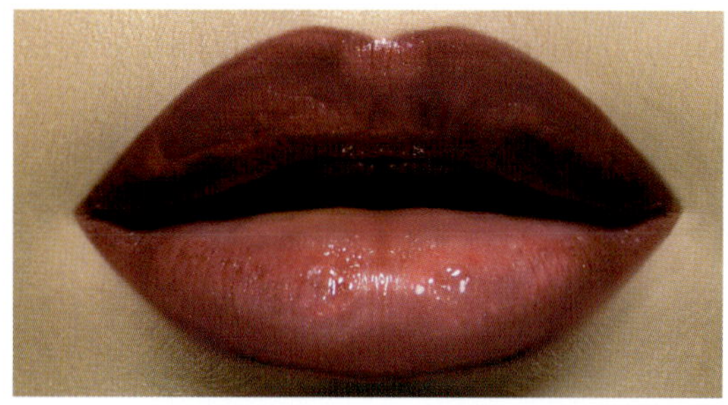

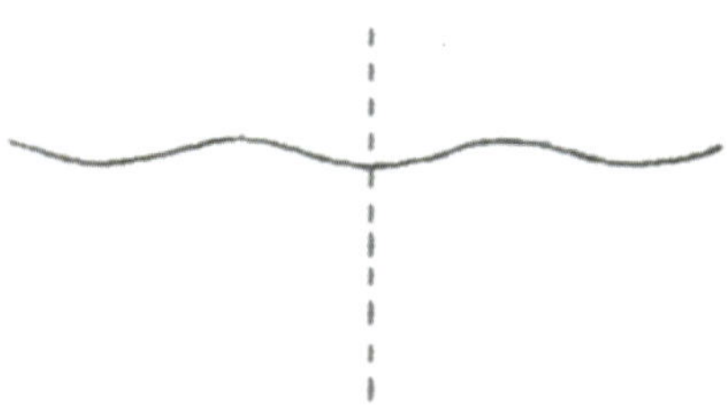
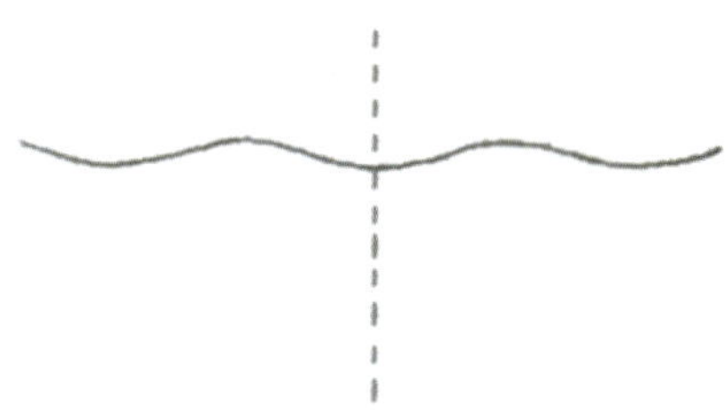

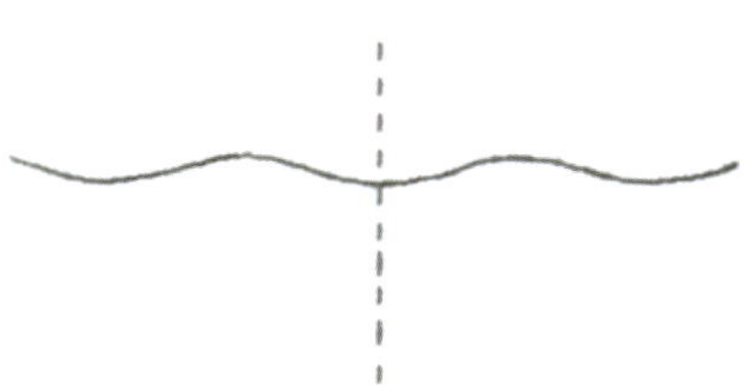
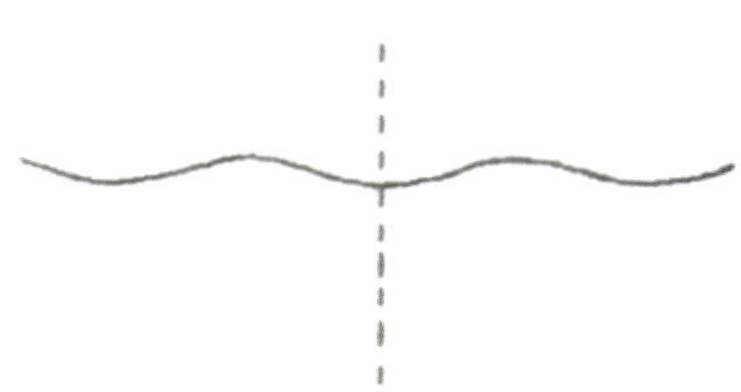

② 직선 커브(Straight Curve)

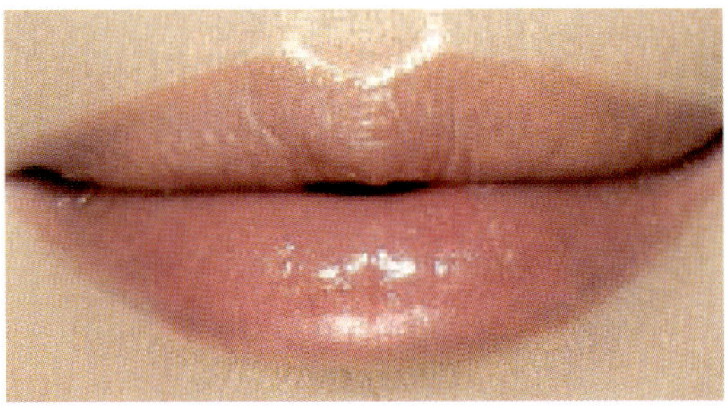

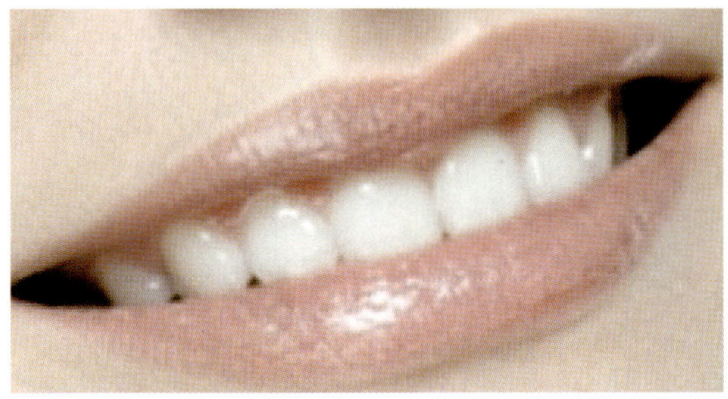

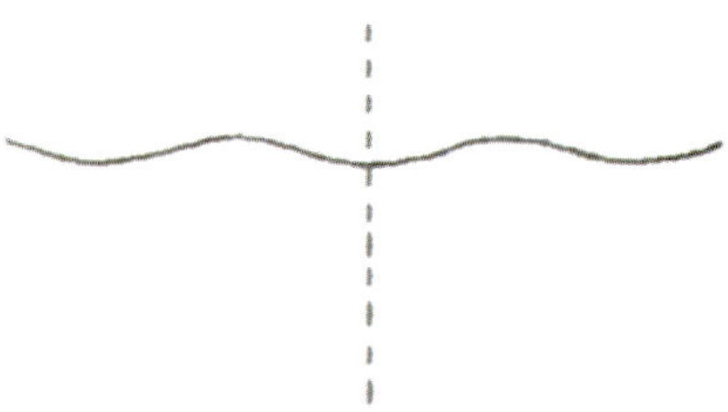

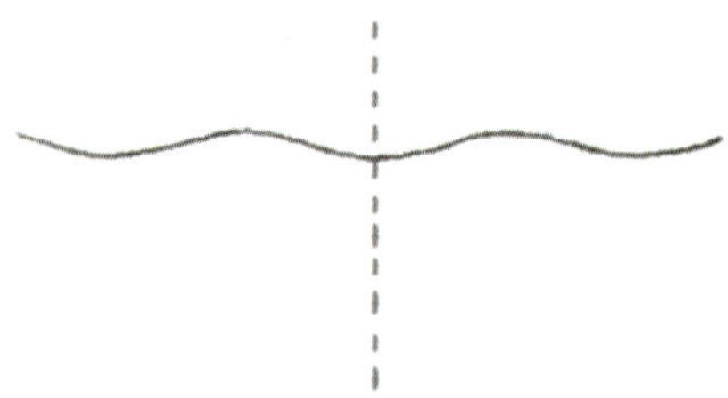

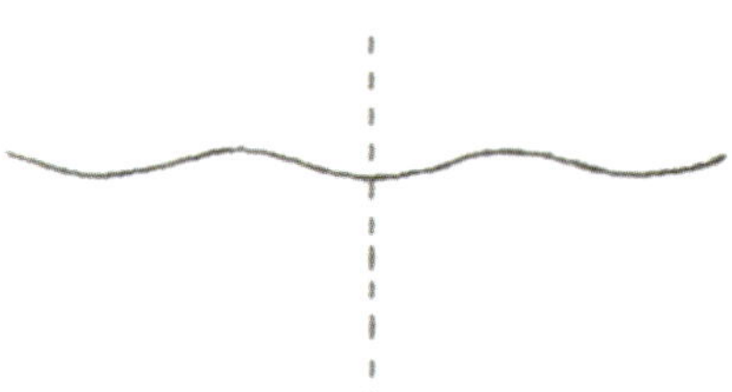

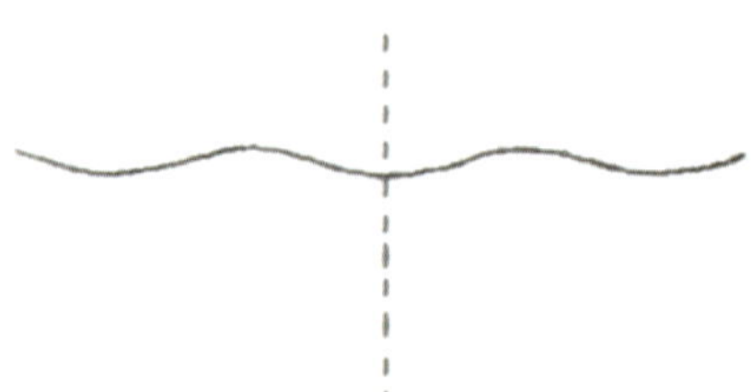

③ 인 커브(In Curve)

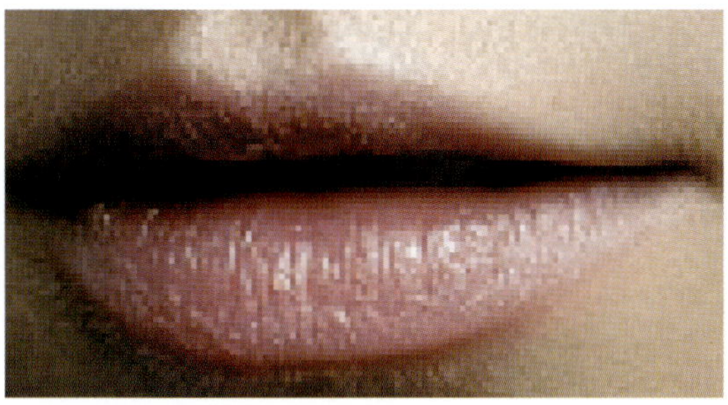
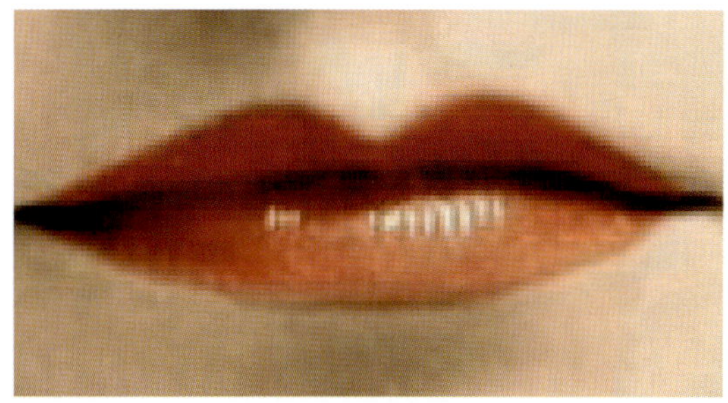

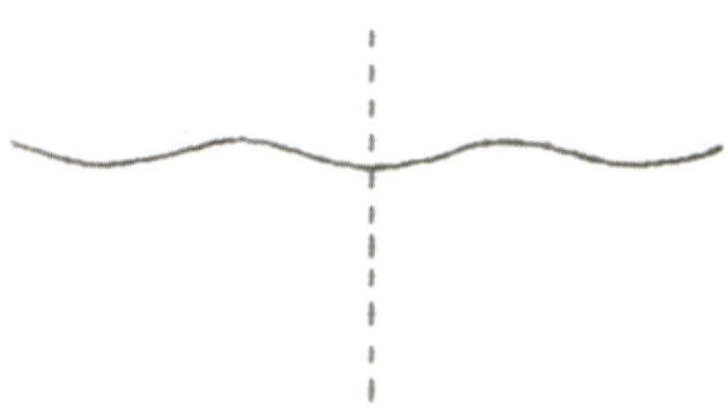
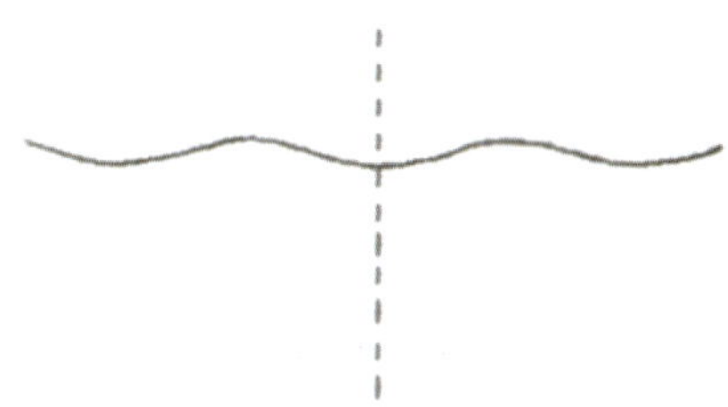

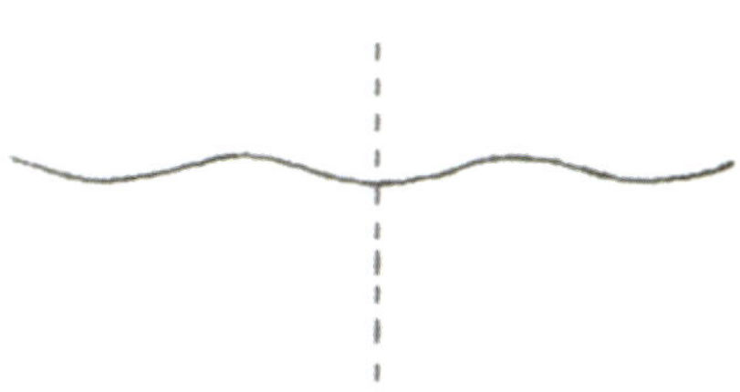
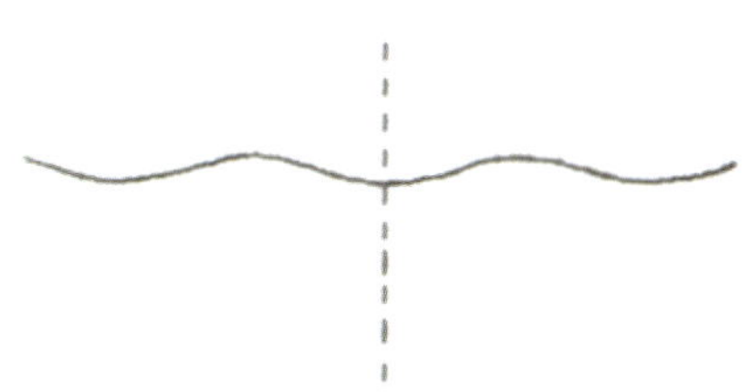

3) 블러셔(볼터치)

① 기능

볼, 광대뼈 부분에 컬러를 주어 입체감을 주고 혈색을 건강하게 하며, 얼굴윤곽을 살려준다.

② 종류

- 케익 타입 : 브러시를 이용하여 뭉침 없이 색감 표현이 자연스러움
- 크림 타입 : 손이나 스펀지를 이용하며 뭉침이 덜하고 밀착감이 우수

③ 위치

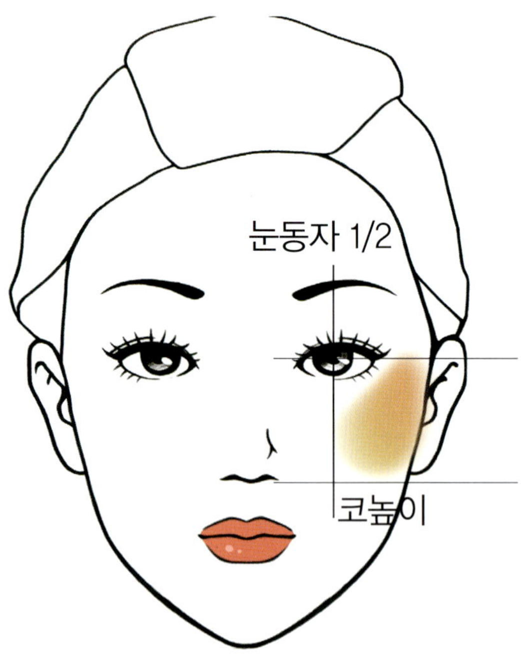

④ 블러셔 위치에 따른 이미지

- 귀여운 이미지 : 볼 중앙에서 터치
- 동안 이미지 : 볼 중앙에서 부터 살짝 아래로 넓게 터치
- 내추럴 이미지 : 광대뼈를 감싸듯이 C자형으로 터치

⑤ 얼굴형에 따른 블러셔 위치

형 태	긴형	둥근형	각진형	역삼각형
이미지				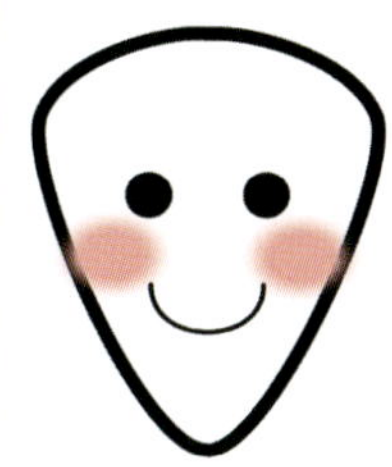
	가로로 블러싱	코끝을 향해 내려주며 블러싱	코끝을 향해 넓게 둥글리듯 블러싱	원을 그리며 애플존을 최대한 둥글게 블러싱

⑥ 블러셔를 바를 때 유의할 점

경계선이 생기지 않게 마무리하는 것이 중요하고, 경계선 부분에 파우더를 살짝 덧발라 피부톤과 조화롭게 연출할 수 있다.

1

〈부르조아〉
블러쉬 34호 로즈도르

2

〈나스〉
블러쉬 섹스어필

3

〈맥〉
파우더 블러쉬 웰드레스드

케익 타입

1

〈에스쁘아〉
크림 팬 포 립앤치크

2

〈맥〉
크림블렌드 블러쉬

3

〈스틸라〉
컨버터블 컬러 – 거베라

크림 타입

4) 블러셔(Blusher) 메이크업 실습

① 긴형

긴형

가로로 블러싱

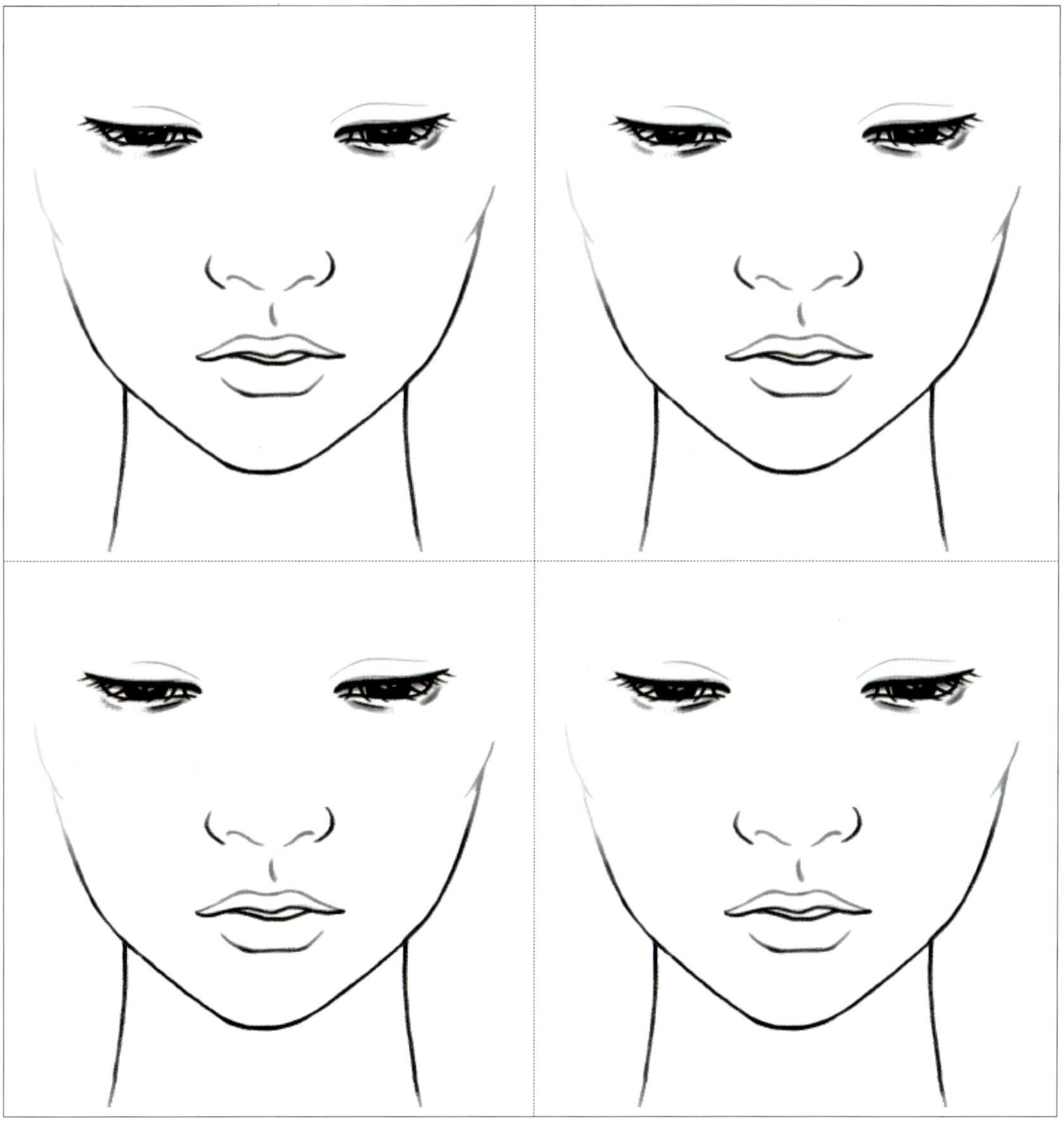

② 둥근형

둥근형

코 끝을 향해
내려주며
블러싱

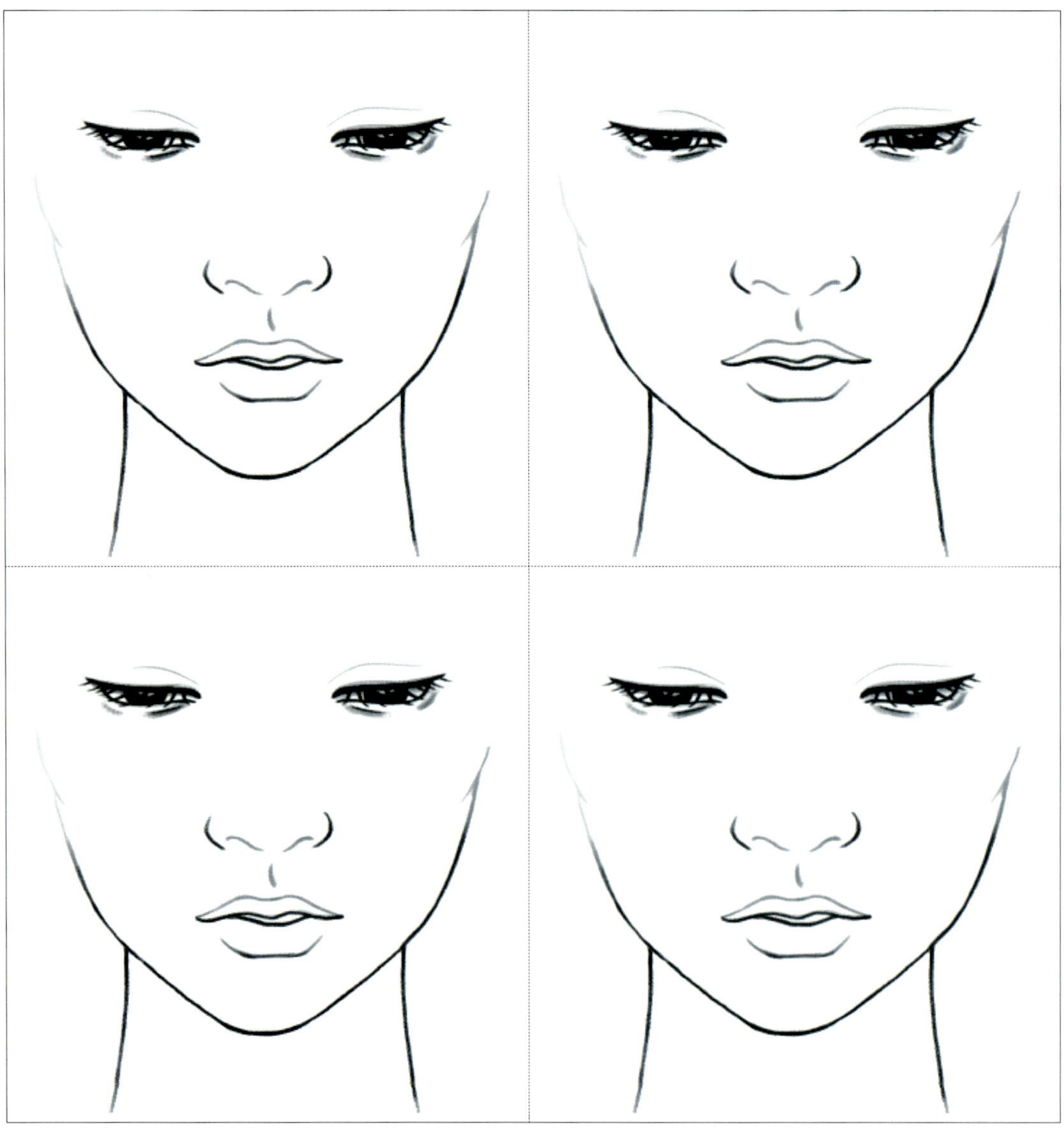

③ 각진형

각진형

코 끝을 향해
넓게 둥글리듯
블러싱

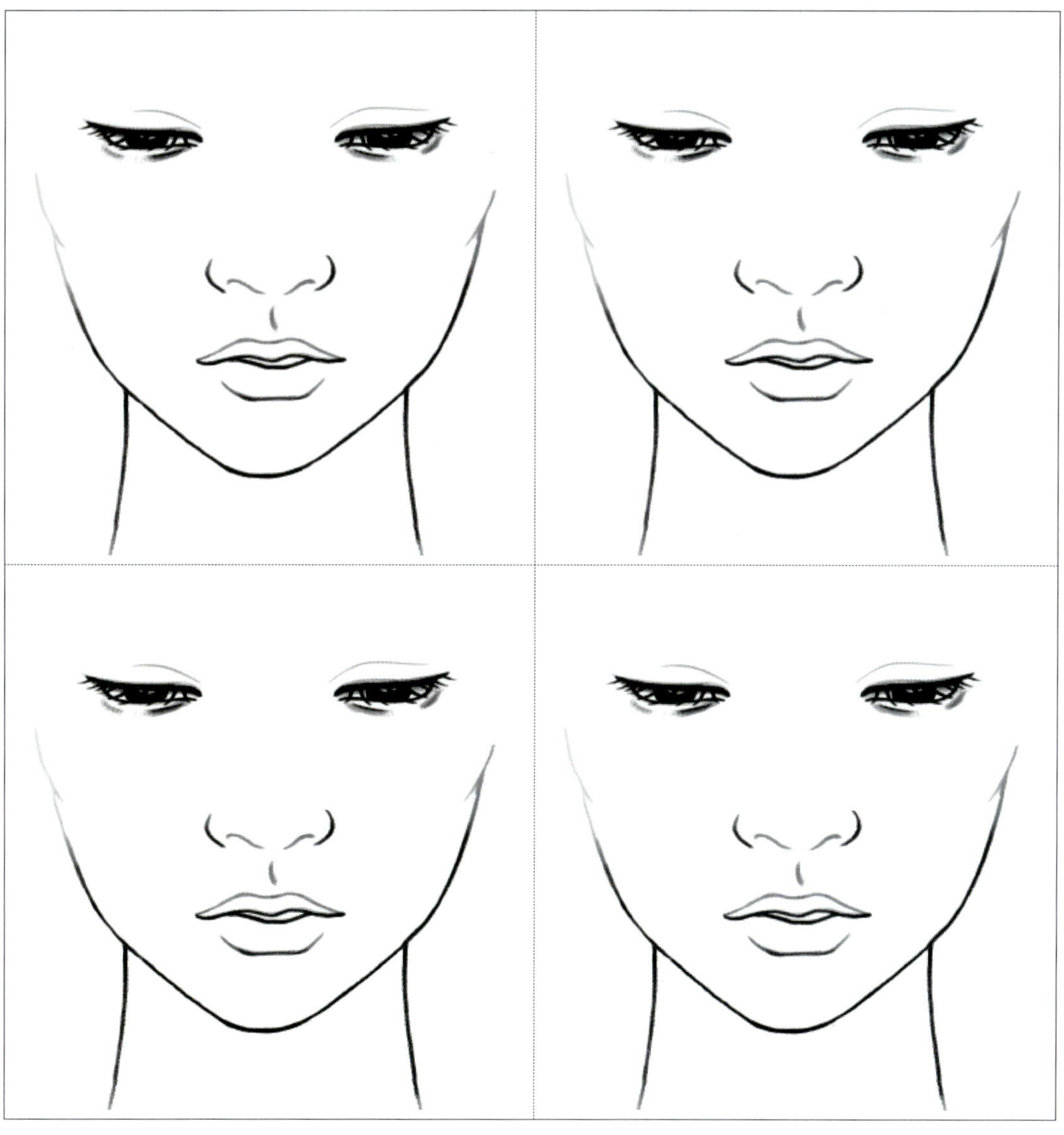

④ 역삼각형

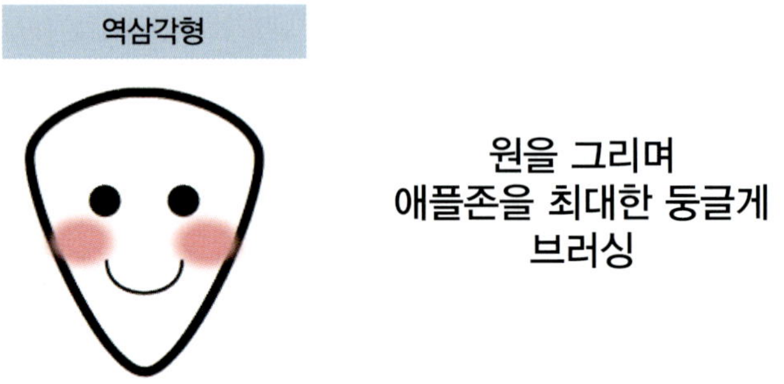

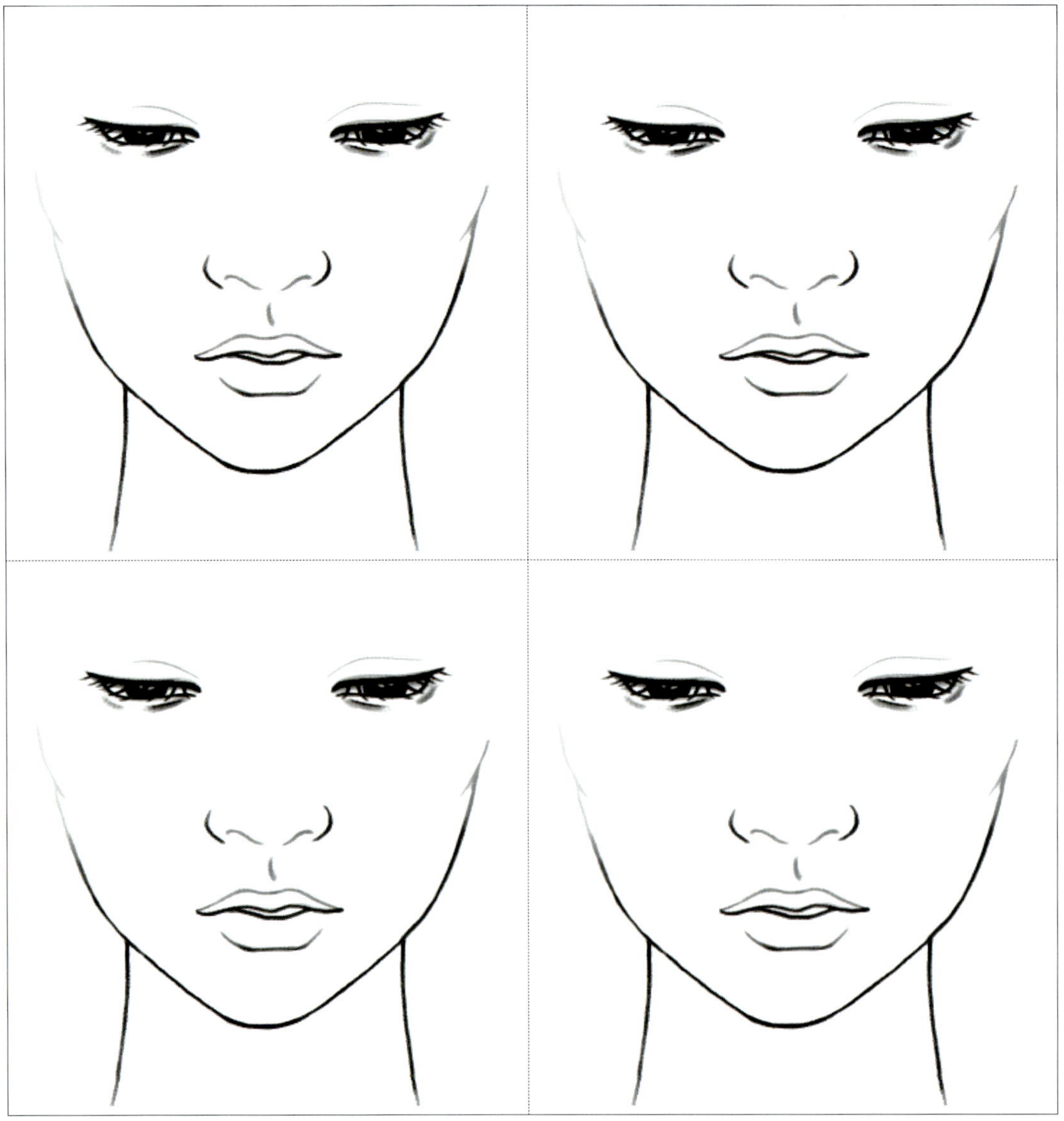

BEAUTY MAKE UP
MASTER 3

PART. 6
기초 메이크업
계절에 따른 컨셉을 다양한 컬러와 기법을 활용하여 이미지별 메이크업을 표현할 수 있다.

1. 내추럴 메이크업

1) 방법 및 순서

내추럴 메이크업은 전체적으로 색감을 강하게 사용하지 않고, 베이지 색이나 페일 톤의 오렌지 계열로 자연스럽게 연출할 수 있다.

- **피부 표현 :** 메이크업베이스 → 모델의 피부톤에 맞게 리퀴드 파운데이션 → 파우더
- **눈썹 :** 브라운 컬러로 자연스러운 기본형
- **눈 화장**
  - 기법 : 프레임 기법
  - 주조색 : 연한 핑크, 오렌지, 브라운 계열
  - 아이라인 : 펜슬 타입 아이라이너로 점막을 메꾸어 가늘고 자연스럽게 표현
  - 본인의 속눈썹으로 자연스럽게 연출
- **블러셔 & 쉐딩**
  - 블러셔 : 오렌지 계열로 둥글리듯 C자형 터치
  - 쉐딩 : 얼굴 윤곽선에 자연스러운 음영
- **입술 :** 누드톤이나 페일톤의 오렌지 또는 핑크 계열

2) 이미지 맵

주 제 :

20 년 월 일

1. 피부 표현

2. 눈썹

3. 눈 화장

4. 블러셔 & 쉐딩

5. 립

사 진

눈 뜬 정면	눈 감은 정면	옆면

마치며...

2. 봄 메이크업

1) 방법 및 순서

따뜻한 톤으로 생동감 있는 이미지를 주는 봄 메이크업은 라이트 오렌지, 그린, 옐로우 계열 등을 이용해 피부색과 조화로운 이미지를 연출한다.

- **피부 표현 :** 베이스 → 모델의 피부톤에 맞추어 리퀴드 파운데이션 → 파우더
- **눈썹 :** 브라운 컬러로 자연스러운 일자형
- **눈 화장**
  - 기법 : 프레임 기법
  - 주조색 : 옐로우, 그린, 오렌지 계열
  - 아이라인 : 다크브라운 컬러의 아이라이너로 점막을 메꾸어 가늘고 자연스럽게 표현
  - 속눈썹으로 자연스러운 눈매 연출
- **블러셔 & 쉐딩**
  - 블러셔 : 피치나 핑크 계열로 애플존에 터치
  - 쉐딩 : 얼굴 윤곽선에 자연스러운 음영
- **입술 :** 피치 또는 핑크 계열

2) 이미지 맵

봄 메이크업

주 제 :

20 년 월 일

1. 피부 표현

2. 눈썹

3. 눈 화장

4. 블러셔 & 쉐딩

5. 립

사 진

눈 뜬 정면	눈 감은 정면	옆면

마치며...

3. 여름 메이크업

1) 방법 및 순서

어둡거나 가라앉은 짙은 톤보다는 밝고 화사한 블루 톤으로 시원하게 표현하고, 자칫 더워 보일 수 있으므로 과한 펄 사용은 자제한다.

- **피부 표현 :** 베이스 → 모델의 피부톤에 맞추어 크림 파운데이션(워터프루프) → 파우더
- **눈썹 :** 브라운 컬러로 자연스러운 기본형
- **눈 화장**
  - 기법 : 프레임 기법
  - 주조색 : 블루 계열
  - 아이라인 : 블루나 블랙 컬러를 이용해 점막을 메꾸어 또렷하게 표현
  - 속눈썹으로 자연스러운 눈매 연출
- **블러셔 & 쉐딩**
  - 블러셔 : 피치나 핑크 계열로 사선 터치
  - 쉐딩 : 얼굴 윤곽선에 자연스러운 음영
- **입술 :** 피치 또는 누드 계열

2) 이미지 맵

주 제 :

20 년 월 일

1. 피부 표현

2. 눈썹

3. 눈 화장

4. 블러셔 & 쉐딩

5. 립

사 진

눈 뜬 정면	눈 감은 정면	옆면

마치며...

4. 가을 메이크업

1) 방법 및 순서

전체적으로 클래식한 이미지가 느껴지도록 브라운 계열의 색채를 사용하여 차분하면서 부드러운 메이크업으로 표현한다.

- **피부 표현 :** 베이스 → 모델의 피부톤에 맞추어 리퀴드 파운데이션 → 파우더
- **눈썹 :** 브라운 컬러의 세미 아치형
- **눈 화장**
  - 기법 : 프레임 기법(세로 터치)
  - 주조색 : 브라운 계열
  - 아이라인 : 검정색을 이용하여 점막을 메꾸어 그윽한 눈매 표현
  - 속눈썹으로 자연스러운 눈매 연출
- **블러셔 & 쉐딩**
  - 블러셔 : 오렌지 계열로 사선 터치
  - 쉐딩 : 얼굴 윤곽선에 자연스러운 음영
- **입술 :** 버건디 컬러 또는 브라운

2) 이미지 맵

주 제 :

20 년 월 일

	1. 피부 표현 2. 눈썹 3. 눈 화장 4. 블러셔 & 쉐딩 5. 립

사 진

눈 뜬 정면	눈 감은 정면	옆면

마치며...

5. 겨울 메이크업

1) 방법 및 순서

추워 보일 수 있는 색채와 톤은 피하고, 딥한 바이올렛 계열의 색채를 사용해 파티 분위기를 자아낼 수 있도록 표현한다.

- **피부 표현 :** 베이스 → 모델의 피부톤에 맞추어 크림 파운데이션 → 펄 파우더
- **눈썹 :** 다크 브라운 컬러로 자연스러운 일자형 또는 기본형
- **눈 화장**
  - 기법 : 프레임 기법(세로 터치)
  - 주조색 : 바이올렛 계열
  - 아이라인 : 검정색을 이용하여 점막을 메꾸고 상향으로 그려 그윽한 눈매 표현
  - 풍성한 속눈썹으로 섹시한 눈매 연출
- **블러셔 & 쉐딩**
  - 블러셔 : 피치 오렌지 계열로 사선 터치
  - 쉐딩 : 얼굴 윤곽선에 자연스러운 음영
- **입술 :** 와인 컬러 또는 누드 핑크 계열

2) 이미지 맵

겨울 메이크업

주 제 :

20　　년　　월　　일

1. 피부 표현

2. 눈썹

3. 눈 화장

4. 블러셔 & 쉐딩

5. 립

사 진

눈 뜬 정면	눈 감은 정면	옆면

마치며...

6. T.P.O 메이크업

● T.P.O의 어원

T(time)는 시간, P(place)는 어울리는 장소나 자리, O(Occasion)는 상황, 경우의 의미로서 사회의 생활습관에 따라 때와 장소, 상황에 맞게 메이크업 및 전체적인 코디네이션을 하여 조화롭게 연출한다.

– 고객의 T.P.O(Time, Place, Occasion) 파악은 시간, 장소, 상황에 따른 메이크업을 기획하는 것이다. 타임 메이크업은 낮과 밤, 사계절로 나누고 place 메이크업은 실내와 실외 장소에 따른 메이크업으로 학교, 회사, 조명 등에 따라 캠퍼스 메이크업, 오피스 메이크업, 무대 메이크업 등 분위기에 적합한 메이크업을 한다. 상황별 메이크업으로는 면접 메이크업, 졸업식 메이크업, 파티 메이크업, 결혼식 등으로 나눌 수 있다.

● 메이크업 T.P.O 파악 시 고객의 의견과 요구를 고려해야 한다.

1) 방법 및 순서

● **피부 표현 :** 베이스 → 모델의 피부톤에 맞추어 파운데이션 → 컨실러를 이용해 결점 없는 완벽한 피부 표현 → 파우더

● **눈썹 :** 브라운로 모델의 눈썹 형태에 맞는 기본형

● **눈 화장**

- 기법 : 플레임 기법의 원 포인트
- 주조색 : 펄감 있는 피치컬러와 브라운 계열
- 눈 위, 아래 점막을 메꾸어 그림(아이라인 강조하지 않음)
- 자연스러운 속눈썹으로 차분한 눈매 연출

● **블러셔 & 쉐딩**

- 블러셔 : 오렌지 계열로 둥글게 터치
- 쉐딩 : 얼굴 윤곽선에 자연스러운 음영

● **입술 :** 피치 오렌지계열이나 연한 베이지핑크 계열

2) 캐주얼 메이크업

베이지, 연한 피치오렌지 계열로 자연스러운 이미지를 연출

3) 오피셜 메이크업

사회적인 예의를 갖추고, 직무에 맞게 단정한 이미지를 연출

4) 예식장에 참석할 때

① 단정하고 우아한 헤어스타일과 화사한 의상

② 라이트톤 색상으로 핑크, 오렌지, 연보라 등으로 눈매와 입술을 화사하게 표현

5) 문상하러 갈 때

① 위로의 마음으로 검은색, 짙은 단색의 의상, 머리 형태는 단정하게 정리

② 섀도우 : 중간색으로 자연스럽게 표현

③ 핑크, 레드색, 번들거리거나 광택감은 피함

④ 목걸이, 귀걸이, 반지 등 액세서리도 가능하면 피함

6) 이미지 맵

주 제 :

20 년 월 일

1. 피부 표현

2. 눈썹

3. 눈 화장

4. 블러셔 & 쉐딩

5. 립

사 진

눈 뜬 정면	눈 감은 정면	옆면

마치며...

7. 한복 메이크업

한복 촬영 메이크업의 경우 립의 컬러감을 강조해주며, 동양적인 특성을 고려해야 한다.

폐백에서의 한복메이크업의 경우 립의 컬러감을 강조해주며, 부드럽고 단아한 이미지로 연출한다.

1) 방법 및 순서

직선과 곡선이 어우러져 화려하고도 단아한 자태를 풍기는 한복에 어울리게 깨끗한 피부 표현과 입술을 강조하여 우아하고 단아한 이미지로 표현한다.

- **피부 표현 :** 베이스 → 모델의 피부톤에 맞추어 리퀴드 파운데이션 → 컨실러를 이용해 결점 없는 깨끗한 피부 표현 → 파우더
- **눈썹 :** 브라운 컬러로 자연스러운 곡선형 또는 기본형
- **눈 화장**
  - 기법 : 프레임 기법
  - 주조색 : 핑크 또는 오렌지계열
  - 아이라인 : 검정색을 이용하여 점막을 메꾸고 자연스러운 눈매 표현
  - 속눈썹으로 마무리
- **블러셔 & 쉐딩**
  - 블러셔 : 오렌지 계열로 사선 터치
  - 쉐딩 : 얼굴 윤곽선에 자연스러운 음영
- **입술 :** 레드 계열

2) 이미지 맵

주 제 :

20 년 월 일

1. 피부 표현

2. 눈썹

3. 눈 화장

4. 블러셔 & 쉐딩

5. 립

사 진

눈 뜬 정면	눈 감은 정면	옆면

마치며...

BEAUTY MAKE UP MASTER 3

PART. 7

광고 메이크업

BEAUTY MAKE UP MASTER 3

PART 7.

광고 메이크업

1. 광고컨셉 분석

- 광고의 목적 및 해당 제품의 특성을 파악할 수 있다.
- 광고의 색감, 내용 등을 파악하여 메이크업 계획에 반영할 수 있다.
- 모델의 신체적 특징을 파악하여 메이크업 계획에 반영할 수 있다.

2. 광고 메이크업

- 콘티를 참고하여 영상 광고 메이크업의 세부 디자인을 확정할 수 있다.
- 영상 광고 메이크업을 실행할 수 있다.
- 콘티를 참고하여 지면 광고 메이크업의 세부 디자인을 확정할 수 있다.
- 지면 광고 메이크업을 실행할 수 있다.

3. 방법 및 순서

다양한 분야에 광고 중 화장품 관련한 지면 광고 메이크업으로 소비자들에게 구매행동을 유발시키기 위해 컨셉에 맞는 이미지로 연출한다.

- **피부 표현 :** 프라이머 → 모델의 피부톤에 맞추어 크림 파운데이션 → 컨실러를 이용해 결점 없는 깨끗한 피부 표현 → 파우더
- **눈썹 :** 브라운 컬러로 일자형
- **눈 화장**
  - 기법 : 프레임 기법(원 포인트)
  - 주조색 : 펄 핑크로 눈두덩이 전체 도포
  - 아이라인 : 컨셉에 따라 컬러감 있는 블루, 핑크 컬러 등을 활용하여 다양하고 스모키한 눈매 표현
  - 풍성한 속눈썹으로 마무리
- **블러셔 & 쉐딩**
  - 블러셔 : 피치 계열로 사선 터치
  - 쉐딩 : 얼굴 윤곽선에 자연스러운 음영
- **입술 :** 비비드한 핑크 계열

1) 이미지 맵

광고 메이크업

주 제 :

20 년 월 일

	1. 피부 표현 2. 눈썹 3. 눈 화장 4. 블러셔 & 쉐딩 5. 립

사 진

눈 뜬 정면	눈 감은 정면	옆면

마치며...

BEAUTY MAKE UP
MASTER 3

PART. 8

트렌드 메이크업

1. 트렌드 조사

- 패션, 헤어스타일, 컬러, 메이크업, 제품 정보 등의 트렌드를 파악할 수 있다.
- 패션, 헤어스타일, 컬러 등의 트렌드 정보를 포트폴리오로 구성할 수 있다.

2. 트렌드 메이크업

- 최신 메이크업 트렌드를 일러스트로 표현할 수 있다.
- 최신 트렌드 정보를 메이크업에 적용할 수 있다.
- 메이크업, 헤어스타일, 패션, 컬러 등 그 시대의 행동 또는 현상에서 나타나는 일정한 방향, 흐름에 따라 컨셉에 맞는 메이크업으로 연출된다.

1) 면 스모키 메이크업

(1) 방법 및 순서

면을 강조하는 메이크업으로 블랙, 그레이, 브라운, 카키 등 섹시하고 개성 있는 이미지로 연출한다.

- **피부 표현 :** 프라이머 → 모델의 피부톤에 맞추어 크림 파운데이션 → 컨실러를 이용해 결점 없는 완벽한 피부 표현 → 펄 파우더
- **눈썹 :** 브라운 또는 그레이 컬러로 모델의 눈썹 형태에 맞게 그림
- **눈 화장**
  - 기법 : 아이홀 기법의 원 포인트
  - 주조색 : 펄감 있는 블랙, 그레이, 브라운 계열
  - 눈 위, 아래 점막을 메꾸어 그림(아이라인 강조하지 않음)
  - 풍성한 속눈썹으로 섹시한 눈매 연출
- **블러셔 & 쉐딩**
  - 블러셔 : 오렌지 계열로 사선형 터치
  - 쉐딩 : 얼굴 윤곽선에 자연스러운 음영
- **입술 :** 누드톤이나 레드, 와인 계열

(2) 이미지 맵

주 제 :

20　　년　　월　　일

1. 피부 표현

2. 눈썹

3. 눈 화장

4. 블러셔 & 쉐딩

5. 립

사 진

눈 뜬 정면	눈 감은 정면	옆면

마치며...

2) 선 스모키 메이크업

(1) 방법 및 순서

선을 강조하는 메이크업으로 블랙, 그레이, 브라운, 카키 등 섹시하고 개성 있는 이미지로 연출할 수 있다.

- **피부 표현 :** 프라이머 → 모델의 피부톤에 맞추어 크림 파운데이션 → 컨실러를 이용해 결점 없는 완벽한 피부 표현 → 펄 파우더
- **눈썹 :** 다크 그레이, 블랙 컬러로 모델의 눈썹 형태에 맞게 그림
- **눈 화장**
  - 기법 : 프레임 기법
  - 주조색 : 펄감 있는 블랙, 그레이, 브라운 계열
  - 아이라인 : 두껍고 길며 상향으로 그려 언더라인과 연결하여 선을 강조
  - 풍성한 속눈썹으로 섹시한 눈매 연출
- **블러셔 & 쉐딩**
  - 블러셔 : 오렌지 계열로 사선형 터치
  - 쉐딩 : 얼굴 윤곽선에 자연스러운 음영
- **입술 :** 누드톤이나 피치 또는 레드 계열

(2) 이미지 맵

주 제 :

20 년 월 일

1. 피부 표현

2. 눈썹

3. 눈 화장

4. 블러셔 & 쉐딩

5. 립

사 진

눈 뜬 정면	눈 감은 정면	옆면

마치며...

3) 글리터 메이크업

(1) 방법 및 순서

촉촉하고 광채 나는 피부와 글리터로 반짝이는 눈매, 립글로스로 조명 아래에서 더욱 화사하게 빛날 수 있는 이미지로 연출한다.

- **피부 표현 :** 펄 베이스 → 모델의 피부톤(쉬머)에 맞추어 크림 파운데이션 → 컨실러를 이용해 결점 없는 깨끗한 피부 표현 → 펄 파우더
- **눈썹 :** 다크 브라운 컬러로 자연스러운 각진형 또는 세미 아치형
- **눈 화장**
  - 기법 : 프레임 기법(원 포인트) 또는 아이홀
  - 주조색 : 펄이 가미된 다크 그린이나 그린 옐로우 계열
  - 아이라인 : 점막을 꼼꼼히 메꾸어 스모키한 아이라인 표현
  - 풍성한 속눈썹으로 마무리
- **블러셔 & 쉐딩**
  - 블러셔 : 피치 계열로 사선 터치
  - 쉐딩 : 얼굴 윤곽선에 자연스러운 음영
- **입술 :** 피치 계열 → 립글로스

(2) 이미지 맵

주 제 :

20　　년　　월　　일

<table>
<tr><td></td><td>1. 피부 표현

2. 눈썹

3. 눈 화장

4. 블러셔 & 쉐딩

5. 립</td></tr>
</table>

사 진

눈 뜬 정면	눈 감은 정면	옆면

마치며...

3. 시대별 메이크업

- 시대별 사회 · 문화적 배경, 패션, 메이크업 스타일의 특징을 파악할 수 있다.
- 시대별 메이크업 특성을 일러스트로 표현할 수 있다.
- 시대별 메이크업 특성을 반영한 디자인을 실행할 수 있다.

1) 이집트 시대

(1) 방법 및 순서

코올(Kohl)을 사용하여 물고기 모양으로 아이라이너를 그려 곤충이나 모래로부터 눈을 보호하였다.
안티몬 가루로 눈썹을 검게 그렸고, 청동을 원료로 청색, 그린계열로 눈 화장을 하였다.
대표적 인물 : 클레오 파트라

- **피부 표현 :** 메이크업베이스 → 모델의 피부톤에 맞추어 크림 파운데이션 → 윤곽 수정 → 투명 파우더
- **눈썹 :** 검정 섀도우나 펜슬로 각지고 꼬리 길게 그림
- **눈 화장**
  - 기법 : 프레임 기법으로 눈두덩이 전체에 펴 바름
  - 주조색 : 그린 계열, 청색, 검정 등
  - 아이라인 : 물고기 모양으로 그림(태양광선, 곤충, 모래로부터 눈을 보호)
  - 짙은 속눈썹으로 깊이 있는 눈매 연출
- **블러셔 & 쉐딩**
  - 블러셔 : 분홍색 또는 레드(원래는 붉은 황토흙 오우커(Ocher)를 양의 기름으로 반죽해서 붓으로 바름)
  - 쉐딩 : 윤곽을 살려주며 음영을 줌
- **입술 :** 홍색, 레드 계열

(2) 이미지 맵

주 제 :

20　　년　　월　　일

1. 피부 표현

2. 눈썹

3. 눈 화장

4. 블러셔 & 쉐딩

5. 립

사 진

눈 뜬 정면	눈 감은 정면	옆면

마치며...

2) 로코코 시대

(1) 방법 및 순서

화려하고 인공적인 붉은 화장으로 패치를 붙이고, 혈관을 푸른색으로 채색하였으며, 색채는 엷은 자주, 어두운 노랑, 엷은 장밋빛, 바랜 초록색 등 혼합색을 사용하였다.
대표적 인물 : 마리 앙투아네트, 마담 드 퐁파두르

- **피부 표현 :** 메이크업베이스 → 한 톤 밝게, 크림 파운데이션 → 윤곽 수정 → 밝은 톤의 투명 파우더
- **눈썹 :** 곡선 형태로 약간 가늘고 검게 그림
- **눈 화장**
  - 기법 : 플레임 기법의 원 포인트
  - 주조색 : 옐로우, 연한 자주, 레드 컬러 계열의 패치를 붙이거나 그림
  - 아이라인 : 점막을 메꾸어 자연스러운 눈매 표현
  - 풍성한 속눈썹으로 우아하게 연출
- **블러셔 & 쉐딩**
  - 블러셔 : 흰 피부 위에 붉은 계열로 넓게 터치
  - 쉐딩 : 얼굴 윤곽선에 자연스러운 음영
- **입술 :** 레드 계열, 핑크 계열

마담 드 퐁파두르

마리 앙투아네트

랑발 공비 마리 테레즈

(2) 이미지 맵

주 제 :

20　　년　　월　　일

<table>
<tr>
<td></td>
<td>1. 피부 표현

2. 눈썹

3. 눈 화장

4. 블러셔 & 쉐딩

5. 립</td>
</tr>
</table>

사 진

눈 뜬 정면	눈 감은 정면	옆면

마치며...

3) 1910년대 메이크업

(1) 방법 및 순서

오리엔탈 붐으로 황색, 붉은 색조로 동양적인 신비로움을 표현하였다.

대표적 인물 : 폴 푸와레, 테다바라, 리나 까발리에리, 폴라 네그리

- **피부 표현 :** 메이크업베이스 → 창백하고 한 톤 밝게 크림 파운데이션 → 윤곽 수정 완벽히 피부 표현 → 투명 파우더
- **눈썹 :** 검고 짙게 가는 일자 형태로 처지게 그림
- **눈 화장**
  - 기법 : 아이홀 기법, 눈 꼬리에 연지를 살짝 바름
  - 주조색 : 황금색, 청녹색
  - 아이라인 : 블랙 아이라이너로 점막을 메꾸어 눈매 강조
  - 인조속눈썹 등장, 마스카라를 발라 그윽하게 표현
- **블러셔 & 쉐딩**
  - 블러셔 : 오렌지 계열로 둥글게 터치
  - 쉐딩 : 얼굴 윤곽선에 자연스러운 음영
- **입술 :** 인커브, 핑크 계열, 레드 계열

폴라 네그리

리나 카발리에리

테다 바라

(2) 이미지 맵

주 제 :

20 년 월 일

1. 피부 표현

2. 눈썹

3. 눈 화장

4. 블러셔 & 쉐딩

5. 립

사 진

눈 뜬 정면	눈 감은 정면	옆면

마치며...

4) 1920년대 메이크업

(1) 방법 및 순서

여성해방에 대한 욕구가 왕성한 시기, 게슴츠레하고 음영을 나타낸 깊은 눈매를 표현하였다.
대표적 인물 : 클라라 바우, 글로리아 스완슨, 루이즈 브룩스

- **피부 표현 :** 메이크업베이스 → 밝은 톤, 창백한 색의 크림 파운데이션 → 윤곽 수정→ 투명 파우더
- **눈썹 :** 다크브라운색, 검정색, 눈썹산이 없고 가늘고 처진 형
- **눈 화장**
  - 기법 : 아이홀 기법, 자연스러운 스모키 메이크업으로 깊이 있는 눈매 연출
  - 주조색 : 브라운, 그레이, 검정
  - 아이라인 : 아이라인과 언더라인은 블랙으로 점막을 메꾸어 눈매를 강조
  - 짙은 인조 속눈썹으로 그윽한 눈매 연출
- **블러셔 & 쉐딩**
  - 블러셔 : 핑크색으로 애플존에 둥글게 터치
  - 쉐딩 : 윤곽을 살려주며 음영을 표현
- **입술 :** 짙은 레드색, 입술산은 둥글고 또렷하게 그린 앵두 같은 입술

클라라 바우

글로리아 스완슨

루이즈 브룩스

(2) 이미지 맵

주 제 :

20　　년　　월　　일

1. 피부 표현

2. 눈썹

3. 눈 화장

4. 블러셔 & 쉐딩

5. 립

사 진

눈 뜬 정면	눈 감은 정면	옆면

마치며...

5) 1930년대 메이크업

(1) 방법 및 순서

성숙된 여성미를 연출하였으며, 이 시대의 대표적 디자이너 샤넬은 선탠의 피부 표현을 유행시켰다. 또한 헐리우드 여배우들의 화장법 눈이 움푹 들어가는 화장법이 유행하였다.
대표적 인물 : 그레타 가르보, 진 할로우, 마를렌 디트리히

- **피부 표현 :** 메이크업베이스 → 기본톤 또는 한 톤 어둡게 크림 파운데이션 → 턱선 쉐딩으로 완벽한 윤곽 수정 → 투명 파우더
- **눈썹 :** 다크브라운 또는 그레이 컬러로 가늘고 둥근 아치형, 아이펜슬 사용
- **눈 화장**
  - 기법 : 아이홀 기법의 원 포인트, 아이홀 영역은 펜슬로 음영 처리, 눈두덩이에 하이라이트
  - 주조색 : 네이비, 브라운 계열, 검정, 화이트 펄
  - 아이라인 : 블랙 아이라이너로 점막을 메꾸어 또렷한 눈매 표현
  - 풍성한 긴 속눈썹으로 깊이감 있게 표현(검정색, 푸른색 계열의 마스카라)
- **블러셔 & 쉐딩**
  - 블러셔 : 장밋빛 레드 계열, 핑크 계열로 진하고 둥글게 터치
  - 쉐딩 : 턱선에 완벽히 음영을 주어 갸름한 얼굴형 표현
- **입술 :** 인 커브, 레드 계열, 버건디 계열로 선명하고 또렷하게 표현

그레타 가르보

진 할로우

마를렌 디트리히

(2) 이미지 맵

주 제 :

20 년 월 일

1. 피부 표현

2. 눈썹

3. 눈 화장

4. 블러셔 & 쉐딩

5. 립

사 진

눈 뜬 정면	눈 감은 정면	옆면

마치며...

6) 1940년대 메이크업

(1) 방법 및 순서

2차 세계대전 시기로 글래머러스 룩, 핀업 걸 유행, 밀리터리 룩, 뉴룩 탄생, 스포츠웨어 등장,섬세하며 윤곽이 뚜렷한 여성미를 강조하는 메이크업을 하였다.
대표적 인물 : 리타 헤이워드, 로렌 바콜, 잉그리드 버그만

- **피부 표현 :** 메이크업베이스 → 밝은 톤의 크림 파운데이션 → 윤곽 수정 → 투명 파우더
- **눈썹 :** 다크브라운색의 아치형
- **눈 화장**
  - 기법 : 프레임 기법이나 아이홀 기법으로 음영을 나타냄
  - 주조색 : 브라운, 다크브라운, 그레이, 블루, 검정
  - 아이라인 : 블랙 아이라이너로 점막을 메꾸어 눈매 강조
  - 짙은 인조 속눈썹으로 풍성하고 그윽한 눈매 연출
- **블러셔 & 쉐딩**
  - 블러셔 : 피치 컬러와 연핑크 계열로 광대뼈를 감싸듯이 터치
  - 쉐딩 : 윤곽을 살려주며 음영을 표현
- **입술 :** 아웃 커브, 밝은 레드색으로 반짝이며 도톰하게 표현

리타 헤이워드

로렌 바콜

잉그리드 버그만

(2) 이미지 맵

주 제 :

20 년 월 일

1. 피부 표현

2. 눈썹

3. 눈 화장

4. 블러셔 & 쉐딩

5. 립

사 진

눈 뜬 정면	눈 감은 정면	옆면

마치며...

7) 1950년대 메이크업

(1) 방법 및 순서

관능적인 이미지를 연출하며, 아이라이너를 상향형으로 하고 눈매를 강조하는 메이크업을 하였다.
피부 표현은 두껍게 하고, 의상과 맞는 컬러로 눈화장을 하며, 입체적인 화장을 하였다.
대표적 인물 : 오드리 햅번, 마릴린 먼로, 잉그리드 버그만, 브리지트 바르도

- **피부 표현 :** 메이크업베이스 → 한톤 밝은 크림 파운데이션 → 컴팩트 사용, 윤곽 수정 입체적 피부 표현 → 투명 파우더
- **눈썹 :** 블랙이나 다크 브라운 컬러로 각진 형태
- **눈 화장**
  - 기법 : 아이 홀 기법의 원 포인트
  - 주조색 : 그린, 그레이, 브라운 계열
  - 아이라인 : 블랙 아이라이너로 상향으로 길게 그려 캣츠아이의 눈매 표현
  - 풍성한 속눈썹으로 섹시한 눈매 연출
- **블러셔 & 쉐딩**
  - 블러셔 : 핑크 계열로 연하게 사선 터치
  - 쉐딩 : 음영을 주어 입체적으로 표현
- **입술 :** 아웃 커브, 레드 계열, 애교점

오드리 햅번

마릴린 먼로

브리지트 바르도

(2) 이미지 맵

주 제 :

20   년   월   일

<table>
<tr>
<td></td>
<td>1. 피부 표현

2. 눈썹

3. 눈 화장

4. 블러셔 & 쉐딩

5. 립</td>
</tr>
</table>

사 진

눈 뜬 정면	눈 감은 정면	옆면

마치며...

8) 1960년대 메이크업

(1) 방법 및 순서

사이키델릭 메이크업이 나타났고, 다양한 인조 속눈썹으로 눈을 강조하였으며, 주근깨 메이크업이 성행하였다.
대표적 인물 : 트위기, 재클린 케네디 오나시스, 소피아 로렌

- **피부 표현 :** 메이크업베이스 → 기본톤으로 크림 파운데이션 → 가볍게 펄파우더 → 인위적으로 주근깨를 그려줌
- **눈썹 :** 브라운 계열로 둥근 형태, 눈썹 앞머리는 아래를 향하게 그림, 세미 아치형
- **눈 화장**
  - 기법 : 아이홀 기법. 다크 브라운 펜슬로 아이 홀 영역을 둥글게 그림, 세미 아치형
  - 주조색 : 그레이, 브라운 계열, 골드 컬러
  - 아이라인 : 블랙 아이라이너로 점막을 메꾸어 또렷한 눈매 표현
  - 짙고 풍성한 속눈썹으로 눈꺼풀의 위와 언더라인도 붙여줌
- **블러셔 & 쉐딩**
  - 블러셔 : 피치오렌지
  - 쉐딩 : 얼굴 윤곽선에 자연스러운 음영
- **입술 :** 황갈색, 적갈색(트위기 : 누드톤)

트위기

재클린 케네디 오나시스

소피아 로렌

(2) 이미지 맵

주 제 :

20 년 월 일

1. 피부 표현

2. 눈썹

3. 눈 화장

4. 블러셔 & 쉐딩

5. 립

사 진

눈 뜬 정면	눈 감은 정면	옆면

마치며...

9) 1970년대 메이크업

(1) 방법 및 순서

경제불황으로 암울한 미래, 사회에 대한 반항, 분노, 좌절 등을 영국의 젊은층들이 무정부주의적이고 허무주의적인 펑크와 같은 혐오스런 복장과 머리 형태로 표출하는 펑크스타일을 추구하였다.
대표적 인물 : 파라 포셋

- **피부 표현 :** 베이스 → 밝은톤의 크림 파운데이션으로 깨끗한 피부 표현 → 파우더로 매트하게 마무리
- **눈썹 :** 상향형으로 다크브라운, 블랙
- **눈 화장**
  - 기법 : 아이홀 기법
  - 주조색 : 네이비, 그레이, 블랙
  - 아이라인 : 블랙 아이라이너로 점막을 메꾸어 스모키한 눈매 표현
  - 풍성한 속눈썹으로 마무리
- **블러셔 & 쉐딩**
  - 블러셔 : 피치 계열 또는 브라운 계열로 사선 터치
  - 쉐딩 : 얼굴 윤곽선에 자연스러운 음영
- **입술 :** 검붉은 립스틱으로 또렷하게 입술선 표현

파라 포셋

(2) 이미지 맵

주 제 :

20　　년　　월　　일

1. 피부 표현

2. 눈썹

3. 눈 화장

4. 블러셔 & 쉐딩

5. 립

사 진

눈 뜬 정면	눈 감은 정면	옆면

마치며...

10) 1980년대 메이크업

(1) 방법 및 순서

컬러TV의 발전으로 다양한 색감과 펄감이 있는 메이크업을 하여 눈과 입술을 강조하는 컬러풀한 메이크업을 하였다. 글램 룩이 유행하였고, 헬스, 에어로빅과 미적욕구가 활발하게 움직였다.
대표적 인물 : 브룩 쉴즈, 소피 마르소, 마돈나

- **피부 표현 :** 메이크업베이스 → 기본톤 크림 파운데이션 → 윤곽 수정 → 투명 파우더
- **눈썹 :** 다크브라운색의 상승형, 앞머리 결을 살려 강렬함을 표현
- **눈 화장**
  - 기법 : 프레임 기법, 눈뼈까지 넓게 펴 바름
  - 주조색 : 펄감이 있는 골드, 블루, 핑크, 피치, 회갈색 등의 다양한 색상으로 화려하게 연출
  - 아이라인 : 블랙 아이라이너로 점막을 메꾸고 상향으로 그려 눈매 강조
  - 짙은 인조 속눈썹으로 풍성하고 깊이 있는 눈매 표현
- **블러셔 & 쉐딩**
  - 블러셔 : 펄감이 있는 연핑크, 피치 컬러와 브라운 계열로 광대뼈를 감싸듯이 터치
  - 쉐딩 : 윤곽을 살려주며 음영을 표현
- **입술 :** 기본형, 오렌지, 핑크, 레드 등 짙은 립스틱과 펄감이 있는 립글로즈를 덧바름

브룩 쉴즈

소피 마르소

마돈나

(2) 이미지 맵

주 제 :

20　　년　　월　　일

	1. 피부 표현 2. 눈썹 3. 눈 화장 4. 블러셔 & 쉐딩 5. 립

사 진

눈 뜬 정면	눈 감은 정면	옆면

마치며...

11) 1990년대 메이크업

(1) 방법 및 순서

지구의 오염, 엘리뇨 등의 환경문제가 심각하게 대두되었고, 사이버 룩, 에콜로지풍의 유행, 투명 메이크업과 스모키 메이크업 등 다양한 이미지 연출과 펄을 활용한 글로시한 메이크업을 하였다.
대표적 인물 : 줄리아 로버츠, 맥 라이언, 데미 무어, 니콜 키드먼

- **피부 표현 :** 메이크업베이스 → 기본톤 크림 파운데이션 → 윤곽 수정 → 투명 파우더
- **눈썹 :** 다크브라운색의 상승형 또는 아치형
- **눈 화장**
  - 기법 : 프레임 기법, 눈뼈까지 넓게 펴 바름
  - 주조색 : 블루, 핑크, 퍼플, 그린, 화이트 펄 등의 다양한 색상으로 화려하게 연출
  - 아이라인 : 블랙 아이라이너로 점막을 메꾸고 상향으로 그려 그윽한 눈매 강조
  - 짙은 인조 속눈썹으로 풍성하고 깊이 있는 눈매 표현
- **블러셔 & 쉐딩**
  - 블러셔 : 연핑크, 피치 컬러 또는 브라운 계열로 광대뼈를 감싸듯이 터치
  - 쉐딩 : 윤곽을 살려주며 음영을 표현
- **입술 :** 아웃 커브, 레드, 버건디 등 짙은 립스틱, 립라이너로 입술을 선명하게 표현, 펄감이 있는 립글로즈를 덧바름

줄리아 로버츠

맥 라이언

데미 무어

니콜 키드먼

(2) 이미지 맵

주 제 :

20　　년　　월　　일

	1. 피부 표현 2. 눈썹 3. 눈 화장 4. 블러셔 & 쉐딩 5. 립

사 진

눈 뜬 정면	눈 감은 정면	옆면

마치며...

BEAUTY MAKE UP MASTER 3

PART. 9

응용 메이크업

1. 패션 이미지 메이크업 제안

- 패션 이미지 유형에 따라 메이크업 디자인 요소를 분석할 수 있다.
- 패션 이미지 분석결과를 메이크업 일러스트로 표현할 수 있다.

2. 패션 이미지 메이크업

- 패션 이미지 유형에 따라 메이크업을 할 수 있다.
- 의복, 헤어, 소품 등을 고려하여 메이크업을 수정 · 보완할 수 있다.
- 패션이미지 메이크업으로는 내추럴, 엘레강스, 로맨틱, 클래식, 에스닉, 댄디, 아방가르드, 소피스티케이티드, 액티브 이미지 등으로 다양하게 연출할 수 있다.

3. 패션쇼 메이크업

1) 오뜨 꾸뛰르

haute couture(프랑스어). 고급 디자이너 조합인 샌디카에 가입되어 있고 세계적으로 하이패션을 리드하는 맞춤 고급 주문복 의상을 말한다.
오뜨 꾸뛰르의 창시는 1858년 파리라빼(la Paix)가 7번지에 문을 연 샤를르 프레데릭 월쓰(Charles Frederic Worth)이며, 오뜨 꾸뛰르라는 어휘는 법적으로 보호받는 명칭이다. 《해마다 산업청에서 열리는 위원회에서 작성하는 리스트에 올라있는 기업들만이 사용할 수 있다》고 오뜨 꾸뛰르 고용주 조합에서 명시하고 있다.
매 시즌(봄-여름 & 가을-겨울) 파리에서 작품을 출품해야 하며, 언론에 적어도 낮 의상과 이브닝 드레스로 구성된 35벌 정도의 컬렉션을 발표해야 한다. 1월과 7월에, 파리에는 전세계에 오뜨 꾸뛰르의 컬렉션에 참가하러 온다.

2) 프레타 포르테

프레타 포르테란 고급 기성복이란 의미를 가지고 있다.
'프레(pret) : 준비 + 아 포르테(A Porter) : 입다'라는 불어 의미로서, Ready to wear 즉, 기성복을 총칭하고 있다. 1950년대 초기에 소비자들이 브랜드에 관심을 가지자 오뜨 꾸뛰르에서 조금씩 고급 기성복을 만들기 시작하면서 프레타 포르테라고 불렀다.

오뜨 꾸뛰르의 옷은 가격이 너무 비싸고, 비슷한 수준의 기성복을 원하는 수요층이 늘어 프레타 포르테를 만들게 되었고, 기존의 오뜨 꾸뛰르를 고집하던 이들도 프레타 포르테에 참여하게 되었다.

오뜨 꾸뛰르와 프레타 포르테는 기술적인 차원에서 상호 보완, 협력하고 있다. 프레타 포르테는 현대 패션의 각종 기성복이라 할 수 있다.

3) 방법 및 순서

패션쇼에는 오뜨 꾸뛰르(고급 여성복)와 프레타 포르테(기성복)로 분류할 수 있으며, 디자이너에 따라 다양한 오브제와 메이크업 기법을 응용하여 개성 있게 연출한다.

- **피부 표현 :** 베이스 → 모델의 피부톤보다 1~2톤 밝은 스틱 파운데이션 → 컨실러를 이용해 결점 없는 깨끗한 피부 표현 → 파우더
- **눈썹 :** 기본형으로 눈썹에 오렌지색으로 컬러감 부여
- **눈 화장**
  - 기법 : 프레임 기법(눈두덩이 전체는 블랙, 언더는 퍼플로 펴 바른 후 아래 점막 부분에 흰색 펜슬로 마무리)
  - 주조색 : 블랙과 퍼플
  - 아이라인 : 블랙 아이라이너로 점막을 메꾸어 또렷한 눈매 표현
  - 풍성한 속눈썹으로 마무리
- **블러셔 & 쉐딩**
  - 블러셔 : 피치 계열로 사선 터치
  - 쉐딩 : 얼굴 윤곽선에 자연스러운 음영
- **입술 :** 누드핑크 계열로 매트하게 표현

4) 이미지 맵

주 제 :

20 년 월 일

1. 피부 표현

2. 눈썹

3. 눈 화장

4. 블러셔 & 쉐딩

5. 립

사 진

눈 뜬 정면	눈 감은 정면	옆면

마치며...

BEAUTY MAKE UP
MASTER 3

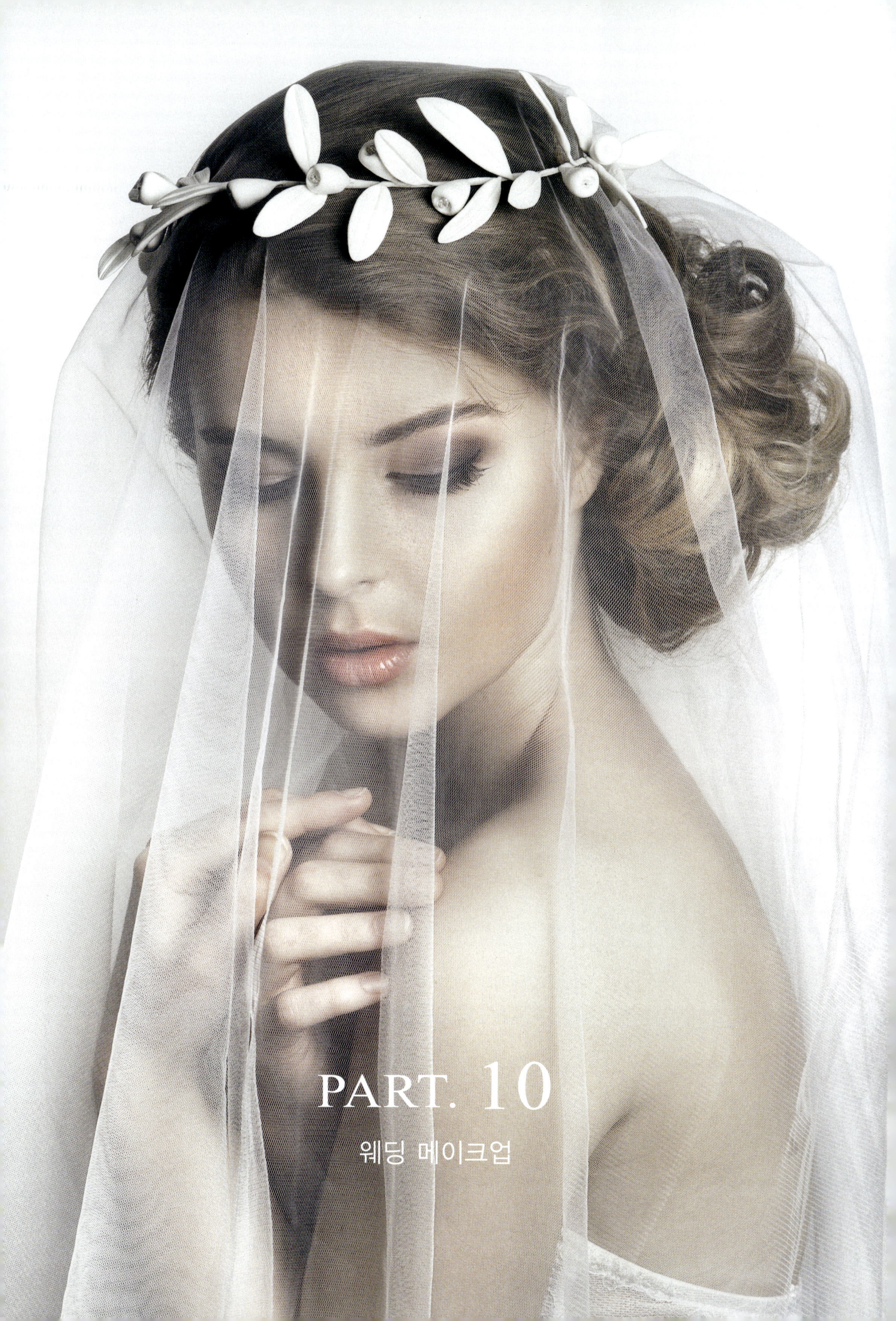

PART. 10

웨딩 메이크업

1. 본식 웨딩 메이크업

- 웨딩 콘셉트를 반영하여 본식 신랑, 신부 메이크업을 할 수 있다.
- 웨딩 메이크업 유지를 위해 메이크업을 수정 · 보완할 수 있다.

1) 신랑 본식 메이크업

- **피부 표현 :** 피부톤에 맞는 BB크림이나 리퀴드 파운데이션, 자연스러운 윤곽 수정
- **눈 썹 :** 브라운 계열로 눈썹 빈곳만 가볍게 매꾸어 줌
- **눈 화장 :** 브라운 계열로 눈두덩이에 전체적인 음영만 줌
- **입 술 :** 연피치, 무색 투명한 립글로스
- **블 러 셔 :** 브라운 계열로 사선터치
- **윤곽 수정 :** 하이라이트와 쉐딩 처리로 입체감 표현

2) 신부 본식 메이크업

- 전체적으로 화사하고 생기 있고, 우아하게
- 촉촉하며 깔끔하게 피부 잡티 커버
- 땀이나 눈물에 번지지 않는 워터프루프 제품 사용
- 얼굴형이나 이미지에 맞는 깨끗한 메이크업
- 예식홀의 크기, 예식장, 교회, 성당, 호텔 등 조명의 색상에 따라 펄 제품을 최소화하고 단아하고 우아한 이미지로 연출

2. 리허설 웨딩 메이크업

웨딩앨범 제작을 위해 스튜디오, 야외 촬영 시 신랑, 신부의 웨딩 메이크업을 실행할 수 있다.

1) 스튜디오 메이크업

- 스튜디오 웨딩 촬영 시 (화보) 컨셉 장소 특성을 파악할 수 있다.
- 촬영 환경, 드레스 유형, 토털 스타일링 등을 고려한 리허설 웨딩 메이크업을 할 수 있다.

  - 윤곽 수정하여 매트한 피부 표현
  - 음영을 넣어 입체적 표현
  - 장시간 촬영 시 지속력 있게 워터프루프 베이스 제품 사용
  - 선 메이크업을 또렷하게 표현
  - 촬영장 세트의 크기, 실내 조명, 컨셉에 따른 드레스 색상 등을 고려하여 입술색상을 교체하며, 헤어스타일의 변화를 주어 다양한 신부 이미지 표현

2) 야외촬영 메이크업

- 야외 촬영 장소, 드레스 · 한복, 토털 스타일링 등을 통해 컨셉을 파악할 수 있다.
- 계절, 자연환경 등의 특징적 요소를 고려하여 신랑신부의 메이크업을 할 수 있다.

  - 윤곽 수정하여 지속성 있는 피부 표현
  - 장시간 촬영 시 자연광에 맞는 조화로운 컬러 사용
  - 선 메이크업을 또렷하게 표현
  - 촬영장의 공간, 계절, 날씨, 시간 등을 고려하고, 단아하고 우아한 신부 이미지 표현

3) 방법 및 순서

신부의 상징적 의미를 부여할 수 있는 순결하고 깨끗한 이미지로 가장 아름답고 화려한 신부로 연출한다.

- **피부 표현 :** 펄감 있는 베이스 → 모델의 피부톤에 맞추어 리퀴드 또는 크림 파운데이션 → 컨실러를 이용해 결점 없는 완벽한 피부 표현 → 펄 파우더
- **눈썹 :** 브라운 컬러로 자연스러운 기본형
- **눈 화장**
  - 기법 : 프레임 기법(원포인트)
  - 주조색 : 펄감 있는 핑크, 오렌지, 브라운 계열
  - 아이라인 : 블랙 아이라이너로 점막을 메꾸어 또렷한 눈매 표현
  - 가닥 속눈썹으로 그윽한 눈매 연출
- **블러셔 & 쉐딩**
  - 블러셔 : 오렌지나 핑크 계열로 애플존에 터치
  - 쉐딩 : 얼굴 윤곽선에 자연스러운 음영
- **입술 :** 피치 또는 핑크 계열 → 립글로스

4) 이미지 맵

주 제 :

20 년 월 일

1. 피부 표현

2. 눈썹

3. 눈 화장

4. 블러셔 & 쉐딩

5. 립

사 진

눈 뜬 정면	눈 감은 정면	옆면

마치며...

참고문헌

단행본

- 강경화 | Make You Up | 국제출판사 | 2008
- 김진영 | 바비 브라운 메이크업 매뉴얼 | 중앙M&B | 2008
- 김활란 | 김활란의 메이크업 뷰티 | 미호 | 2014
- 김미화 | 원포인트 메이크업 | 경향BP | 2013
- 김지희 외 2인 | 20세기 화장문화사 | 경춘사 | 2006
- 박혜민 | 포니의 스타일 메이크업 북 | 로그인 | 2014
- 전선경 외 3인 | 미용미학과 미용문화사 | 청구문화사 | 2004
- 원윤희 | 성형메이크업 | 마음상자 | 2012
- 양진희 | 메이크업 디자인 | 광문각 | 2013
- 서수진 | 서수진의 올 댓 메이크업 | 페퍼민트 | 2014
- 천지연 외 8인 | FACES IN MAKE UP | 청구문화사 | 2009

논문

- 김종원 | 패션 컬렉션에 나타난 메이크업 이미지 유형별 디자인 요소 분석 : 2010 F/W~2012 S/S의 4대 컬렉션을 중심으로 | 성결대학교 석사학위논문 | 2013
- 김용신 | 동안이미지 연출을 위한 메이크업의 표현기법 | 한성대학교 뷰티예술학과 석사학위논문 | 2013
- 백고은 | 얼굴이미지 유형에 따른 수정 메이크업 표현 기법에 관한 연구 | 한성대학교 뷰티예술학과 석사학위논문 | 2013
- 이주리 | 국내 걸 그룹의 메이크업 이미지와 색채에 관한 연구 : 2007년 이후 걸 그룹 중심 | 홍익대학교 석사학위논문 | 2012
- 장윤영, 유태순 | 루이비통 가방 광고와 메이크업 | 한국디자인포럼 Vol.33. pp.77~88 1229-9081. | 한국디자인트렌드학회 | 2011
- 한원영 | 로코코 시대 인물화에 나타난 메이크업 특성과 색채에 관한 연구 | 홍익대학교 석사학원논문 | 2011

인터넷 사이트

- NCS국가직무능력표준
- http://getitbeauty.interest.me/
- http://cafe.naver.com/collaborationist/47677
- http://blog.naver.com/9km?Redirect=Log&logNo=100204514524
- http://cafe.naver.com/mbcguwol/10054
- http://blog.naver.com/nail_ade?Redirect=Log&logNo=50188397611
- http://blog.naver.com/weddtown?Redirect=Log&logNo=90168817238
- http://blog.naver.com/qaqa1004?Redirect=Log&logNo=220087608074
- http://blog.naver.com/eisolutions?Redirect=Log&logNo=20018881806
- http://blog.naver.com/ablebhair?Redirect=Log&logNo=220128250280
- http://getitbeauty.lifestyler.co.kr/getitbeauty
- http://blog.naver.com/vov_cosmetic?Redirect=Log&logNo=220071403181
- http://blog.naver.com/tubetint?Redirect=Log&logNo=20107241103
- http://blog.naver.com/luvnsong?Redirect=Log&logNo=80205456139
- http://blog.naver.com/nsbeauty?Redirect=Log&logNo=40150698080
- http://cafe.naver.com/wynnclinic/4281
- http://cafe.naver.com/saeropnl/1122
- http://blog.naver.com/makeyouup223?Redirect=Log&logNo=70153210661
- http://cafe.naver.com/beautychubo/191
- http://blog.naver.com/million486?Redirect=Log&logNo=40162425132
- http://blog.naver.com/oopicker?Redirect=Log&logNo=220180059944
- http://blog.naver.com/gksksla6230?Redirect=Log&logNo=220136701212
- http://blog.naver.com/eetoo23?Redirect=Log&logNo=130190839772
- http://blog.naver.com/dksrhavkddl?Redirect=Log&logNo=110179824422
- http://blog.naver.com/ghkddidhd7?Redirect=Log&logNo=40157072648
- http://blog.naver.com/water8660?Redirect=Log&logNo=80156016605
- http://blog.naver.com/dyinglove16?Redirect=Log&logNo=220192477317
- http://blog.naver.com/yz320?Redirect=Log&logNo=80193194901
- http://blog.naver.com/merba7100?Redirect=Log&logNo=220172240964
- http://m.blog.daum.net/beautyland/3622225
- http://m.blog.daum.net/hwstudio/17309295
- http://www.ilbe.com/49591584
- http://ehealth.egloos.com/viewer/128935
- http://m.blog.daum.net/beautyland/3622237
- http://seobongha.com
- http://blog.joins.com/media/index.asp?uid=kbb046&folder=78
- http://m.blog.daum.net/hwstudio/17309295
- http://golf.hankyung.com/news/app/newsview.php?aid=2010031986611
- http://prologue.blog.naver.com/
- http://lifeedu.skuniv.ac.kr/?mid=major_beauty_gallery&page=4&document_srl=8621
- http://seobongha.com/bbs/zboard.php?id

참고문헌

- http://www.kimwoojae.co.kr/kimwj/bbs/board.php?bo
- http://www.manandmollusc.net/advanced_uses/new_guinea.html
- http://longtime900.tistory.com
- http://blog.unikorea.go.kr/3200
- http://blog.daum.net/yongok22/8066475
- http://gujoron.com/xe/chul/273039
- https://www.google.co.kr/search?
- http://paranand.tistory.com/
- http://blog.daum.net/
- http://prod.danawa.com/info/?pcode=1483025
- http://www.gsshop.com/prd/prd.gs?prdid=3038305&lseq=361480
- http://www.atupapa.com/17396300030ko.html
- http://prod.danawa.com/info/?
- http://prod.danawa.com/info/?pcode=1749063&cate1=0&cate2=0&cate3=0&cate4=0
- http://store1.co.kr/shop/goods/goods_view.php?&goodsno=273
- http://www.gsshop.com/prd/prd.gs?prdid=3038291
- http://www.maym.co.kr/shop/shopdetail.html?branduid=129380&xcode=080&mcode=010&scode=&type=X&sort=order&cur_code=080010&GfDT=Z2V8UA%3D%3D
- http://www.gsshop.com/prd/prd.gs?prdid=3038291
- http://www.maym.co.kr
- http://www.feelway.com/gv_Other_Brand_2191022842.html
- http://itempage3.auction.co.kr/DetailView.aspx?itemno=A938798467
- http://prod.danawa.com/info/?pcode=1414689&cate1=9875&cate2=36925&cate3=37014&cate4=37019
- http://itempage3.auction.co.kr/LotteDetailView.aspx?itemno=A809775578
- https://www.google.co.kr/search
- http://prod.danawa.com/info/?pcode=1477810&cate1=9875&cate2=36925&cate3=37014&cate4=37019
- http://www.lightinthebox.com/ko/top-mahogany-eye-shadow-brush_p878495.html
- http://samplecom.com/shop/display/home.php?mode=subdetail&num=3734
- http://www.mustaev.co.kr/shop/shopbrand.html
- http://www.is2skin.com/shop/shopdetail.html?branduid=211022&search=&page=
- http://kr.koreadepart.com/item/1395128544/
- http://prod.danawa.com/info/?pcode=1404839
- http://prod.danawa.com/info/
- http://shinsegaeblog.com/137
- http://ko.aliexpress.com/item/
- http://www.chanel.com/
- http://getitbeauty.lifestyler.co.kr/getitbeauty/Product/View/23941
- http://item2.gmarket.co.kr/Item/DetailView/Item.aspx?goodscode=345149235
- http://hrp0423.blog.me/120178746263
- http://cmflower.egloos.com/viewer/2337126
- http://www.stylelyts.com/product/list.html?cate_no=55

• http://www.betheskin.co.kr
• http://www.eseasang.com
• http://www.luview.co.kr
• http://blog.daum.net/
• http://www.mustaev.co.kr/
• http://prod.danawa.com/
• http://www.doopedia.co.kr/
• http://macrostar.egloos.com/viewer/4419752
• http://www.funshop.co.kr/goods/detail/14833?t=s
• http://www.alphahair.co.kr/product/product_detail_frm.asp?prdtCode=10923
• http://www.mustaev.co.kr/shop/shopdetail.html?branduid=67203
• http://ko.aliexpress.com
• http://itempage3.auction.co.kr/DetailView.aspx?itemno=A890120724
• http://hrp0423.blog.me/120178746263
• http://beautipop.com/
• https://www.google.co.kr/
• http://item2.gmarket.co.kr/Item/DetailView/Item.aspx?goodscode=601493096
• http://www.aeryjopro.co.kr/product/view.asp?pIdx=195
• http://www.nailfree.co.kr/
• http://www.wiltondeco.co.kr/product/detail.html?product_no=148
• http://itempage3.auction.co.kr/DetailView.aspx?itemno=A793516765
• http://blog.daum.net/_blog/
• http://cluster1.cafe.daum.net/
• http://m.blog.daum.net/grapearoma/6463529
• http://blog.daum.net/_blog/BlogTypeView.do?blogid=07gLs&articleno=7603292
• http://m.blog.daum.net/solista/2172
• http://m.blog.daum.net/beautyland/3622343
• http://mohani.net/xe/index.php?mid=thinkabout&page=6&document_srl=13541
• http://blog.naver.com/PostView.nhn?blogId=tmdwls0418&logNo=80180183829
• http://cafe.daum.net/_c21_/
• http://leekcp.new21.org/
• http://proi.edupia.com/
• http://kr.newtopic.org/
• http://ko.wikipedia.org
• http://blog.naver.com
• http://blog.daum.net/warm0303/4806470
• http://kyh77.tistory.com/?page=70
• http://blog.daum.net/_blog/
• http://blog.daum.net/csn6110/8729194
• http://m.blog.daum.net/dreambuilder/13306715
• http://dreamlives.tistory.com/319
• http://www.cha.go.kr/cop/
• http://www.dapsa.kr/blog/?

참고문헌

- http://m.blog.daum.net/mook11/7088823
- http://www.ilbe.com/1311746203
- http://blog.daum.net/_blog/
- http://m.blog.daum.net/gijuzzang/3910576
- http://blog.daum.net/click21net/
- http://newshankuk.com/news/
- http://m.blog.daum.net/_blog
- http://beautypoint.tistory.com/8
- http://my-gene.com/ZB41/zboard.php?id=Story
- http://0ufile1004.tistory.com/60
- http://kr.123rf.com/photo_16051910_
- http://egloos.zum.com/bonastyle/v/2250545
- http://armk.egloos.com/m/1482659
- http://blog.naver.com/lynn_lynn?Redirect=Log&logNo=90192240025
- http://blog.naver.com/nanino5350?Redirect=Log&logNo=50180976648
- http://blog.daum.net/ppiku2002/4269219
- http://www.elle.co.kr/article/View.asp?MenuCode=M00087&intSno=161
- https://www.google.co.kr/search?q
- http://younmall.tistory.com/83
- http://www.hankyung.com/news/app/newsview.php?aid=201303071263q
- http://www.instiz.net/pt?no=2369612&page=1
- http://www.123rf.com/photo_19631852_woman-in-blue-dress-with-flying-silk-fabric.
- http://blog.naver.com/
- http://blog.naver.com/allthattop?Redirect=Log&logNo=40209639282
- http://blog.naver.com/crearo?Redirect=Log&logNo=60112035394
- http://cafe.naver.com/coiff1rst/1540
- http://kisingo.or.kr/1013
- http://younghwan12.tistory.com/3718
- http://studio.donga.com/View/?idxno=201008060001
- http://cluster1.cafe.daum.net/
- http://pann.news.nate.com/info/253974173
- http://thruguide.tistory.com/92
- http://ko.wikipedia.org/w
- http://terms.naver.com/eld=4681
- http://m.blog.daum.net/petitsha/196
- http://cafe.naver.com/puttopiaa/913
- http://blog.naver.com/k11228899?Redirect=Log&logNo=20128717813
- http://blog.naver.com/nostar24?Redirect=Log&logNo=10124528209
- http://blog.naver.com/jo1heon?Redirect=Log&logNo=90141031267
- http://cafe.naver.com/logo12/1246663
- https://www.google.co.kr/
- http://w208.sportsworldi.com/
- http://www.powderroom.co.kr/beautytip/700

- http://www.netsko.com/info_life/1085002
- https://ko-kr.facebook.com/ChanelKR?fref=photo
- http://tubetint.blog.me/20101950026
- http://tubetint.blog.me/20101950026
- http://smaragd.tistory.com/21
- http://woman.donga.com/docs/magazine/print.php?mgz_part=woman&n=2007092205 00000http://blog.daum.net/johnkchung/6823148
- http://lomangce.tistory.com/318
- http://blog.aladin.co.kr/euphemia/tag/SF
- http://m.blog.daum.net/ggup6105/2969061
- http://popularpopcorn.blogspot.kr/2011_05_01_archive.html
- http://timetree.zum.com/41035/43836
- http://www.elle.co.kr/article/view.asp?MenuCode=en010101&intSno=4204
- http://www.design.co.kr/section/news_detail.html?info_id=52806&category=000000020
- http://kr.aving.net/news/view.php?articleId=139556
- https://www.google.co.kr/s
- http://kr.aving.net/news/view.php?articleId=139556
- http://www.shuveux.co.kr/info/index.php?code=hair+style_23
- http://mission.bz/?mid=m62&category=19462&document_srl=26860
- http://www.allurekorea.com/content/view_03.asp?menu_id=05020100&c_idx=012102 020000006
- http://blog.daum.net/7237474/8746210
- http://news.zum.com/articles/7413470?c=07
- http://www.thesingle.co.kr/common/cms_view.asp?channel=51&subChannel=424&idx=
- http://www.zetq.com/BEST/76068http://
- http://micon.miclub.com/board/viewArticle.do?artiNo=93662592
- http://news.zum.com/articles/6713210?t=t&pr=018?c=07
- http://m.blog.daum.net/kdfg45d/157
- https://www.pinterest.com/pin/373939575283200895/
- http://blog.daum.net/_blog/
- http://www.e-graphy.co.kr/article/view.asp?idx=1321
- http://www.style.co.kr/magazine/view.asp?menu_id=01020102&c_idx=010201010001211
- http://historia.tistory.com/1756
- http://www.bongkim.com/bongkim/bbs/board.php?bo_table=b03_17&wr_id=93
- http://cafe.naver.com/hongmi12/128
- https://mirror.enha.kr/wiki/%
- http://blog.joins.com/media/folderlistslide.asp?uid=masson&folder=148&list_id=867159 • http://louisien.com/3535
- http://blog.daum.net/elara1020/8256667
- https://mirror.enha.kr/wiki/%EB%B2%A0%EB%A5%B4%EC%82%AC%EC%9C%A0%20 %EA%B6%81%EC%A0%84
- http://m.blog.daum.net/goldstarhic/641
- http://m.blog.daum.net/_blog/_m/articleView.do?blogid=0YKQ6&articleno=1912

참고문헌

- http://blog.daum.net/saintj/13403931
- http://www.art-bank.co.kr/ez
- http://www.liveinternet.ru/users/3251944/post125888866/
- http://m.blog.daum.net/ibbnna/10355956
- http://magazine.jungle.co.kr/c
- http://www.cfa.ilstu.edu/lmlowel/the334/Edwardian/EdwardianWomenReview.htm
- http://m.blog.daum.net/_blog/_m/articleView.do?blogid=0L2uz&articleno=8465606
- http://m.queen.co.kr/news/articleView.html?idxno=201984
- http://news.mk.co.kr/newsReadPrint.php?year=2011&no=708994
- http://blog.naver.com/pxx0209/140197623692
- http://blog.naver.com/tkwldk/220512978975
- http://blog.naver.com/orodong/120092431348
- http://cafe.daum.net/dlcoals1219/MYDi/237?q=1970%B3%E2%B4%EB%20 %B8%DE%C0%CC%C5%A9%BE%F7&re=1
- http://blog.naver.com/artsfocus2/70037139386
- https://lifeedu.skuniv.ac.kr/147588
- http://luxury.designhouse.co.kr/in_magazine/sub.html?at=view&info_id=58788
- http://blog.naver.com/PostView.nhn?blogId=ipanova&logNo=40115706285
- https://ko.depositphotos.com/51487257/stock-photo-beautiful-rocker-punk-girl-with.html
- http://blog.naver.com/PostView.nhn?blogId=ted931025&logNo=70078898286&redirect=Dlog&widgetType Call=true
- http://m.zenithnews.com/news/articleView.html?idxno=88813
- https://www.google.co.kr/search
- http://search.daum.net/search?nil_suggest=sugsch&w=tot&DA=GIQ&sq=%EC%98%A4
- http://cafe.daum.net/VisualMD/E6SN/47?q=%BB%DA%B7%B9%B5%FB%20 %BB%C7%B8%A3%B6%BC&re=1
- https://makeupforyou.tistory.com/31
- https://blog.naver.com/kjm_5767/220670422050
- http://blog.daum.net/jenny2242/11741248
- https://blog.naver.com/qoraudju/220832033313
- https://blog.naver.com/adornacademy/220601925606
- https://blog.naver.com/so_i_love_u/60210444262
- https://blog.naver.com/j9348/10169670471
- https://blog.naver.com/ehdtjr8e1/221043040280
- http://blog.daum.net/nepatiti99/12206105
- https://blog.naver.com/doublej0213/220090467631
- http://cafe.daum.net/xodhkd/1whx/276?q=%EC%9E%89%EA%B8%80%EB%A6%AC%EB%93%9C+%EB%B2 %84%EA%B7%B8%EB%A7%8C&re=1
- https://ashleydude.blog.me/110108938910
- http://blog.daum.net/aji95886/1https://lgy520.blog.me/100192203126401
- http://blog.daum.net/cmjok9875/178
- http://blog.daum.net/priee7/13
- https://blog.naver.com/nashiraus/220735276079
- http://cafe.daum.net/BulgaeDaenggyeon/iTdU/2232?q=%EB%B8%8C%EB%A3%A9%EC%89%B4%EC%A6% 88&re=1http://cafe.daum.net/dusdlakf2/4RYs/6202?q=%EB%B8%8C%EB%A3%A9%EC%89%B4%EC%A6%8 8&re=1
- https://blog.naver.com/sy840940/220491326656

- https://blog.naver.com/perlcgi/10006671411
- http://blog.daum.net/psy796/15703553
- http://cafe.daum.net/beautiful5060/9xxW/23301?q=%EB%A7%88%EB%8F%88%EB%82%98&re=1
- https://blog.naver.com/jiwoo245/220715024602
- http://blog.daum.net/aster0214/7871765
- http://cafe.daum.net/nok.samo/ZXHE/471?q=%EB%8B%88%EC%BD%9C+%ED%82%A4%EB%93%9C%EB%A8%BC&re=1
- http://blog.daum.net/movie_world/3159691
- http://blog.daum.net/hosa54/5567447
- http://stylem.mt.co.kr/stylemView.php?no=2015021715494180171
- https://www.vogue.com/?us_site=y`

MEMO

MEMO

MEMO

MEMO

NCS 기반
BEAUTY MAKE UP MASTER 3

초　　판 인쇄 | 2015년 3월　2일
초　　판 발행 | 2015년 3월　5일
개정 1판 발행 | 2017년 8월 21일
개정 2판 발행 | 2019년 3월　5일
개정 2판 3쇄 발행 | 2024년 2월 10일

지은이 | 김유리 · 안나현
발행인 | 조규백
발행처 | 도서출판 구민사
(07293) 서울특별시 영등포구 문래북로 116, 604호(문래동3가 46, 트리플렉스)

전화 | (02)701-7421
팩스 | (02)3273-9642
홈페이지 | www.kuhminsa.co.kr

신고번호 | 제 2012-000055호 (1980년 2월 4일)
ISBN | 979-11-5813-674-1 (13590)

값 25,000원